실전운전

운전실무의 진수

실전운전

초판 1쇄 인쇄 2012년 6월 14일
초판 1쇄 발행 2012년 6월 18일

지은이 | 추산

펴낸이 | 이승심
펴낸곳 | 상상마당 상상마당은 상상의날개 전문도서 브랜드입니다
주소 | 서울시 서초구 잠원동 69-18 반포쇼핑 7동 201호
전화 | 070-7756-7005 팩스 | 032-543-6005

ISBN 978-89-93676-19-8
값 18,000원

운전실무의 진수

실전운전

秋山 著

머리말

이 글을 읽는 분들께 지면으로 나마 감사의 인사를 올립니다.

사람들은 세상을 살아가다 보면 수없이 많은 실수를 합니다. 그중에서도 절대로 해서는 안 되는 실수가 있는데, 그것이 바로 교통사고입니다.

우리는 운전을 하면서 교통법규는 잘 알고 있습니다. 그러나 현대사회의 흐름은 교통법규를 지키도록 만족할 만한 유도를 하고 있지 않습니다.

우리가 살아가는 세상은 법만 지켜도 되는 것이 있고, 법만 가지고는 지킬 수 없는 것이 있습니다.

한국 속담에 "소 잃고 외양간 고친다"는 말이 있습니다. 그 소리는 다른 말로 하면 "뒷북치다"라는 현대 언어로 전달되는데, 교통사고가 일어나면 소 잃고 외양간도 못 고치고, 뒷북칠 시간조차 오지 않습니다.

우리가 생활하기 위해서는 필요로 하는 게 두 가지가 있는데, 하나는 "책 속의 암기"이고 다른 하나는 "육체의 기술"입니다.

책이란, 이미 누군가의 머리에서 나온 것을 따라가는 지혜이고, 기술은 먼저 배운 자에게 따라 하는 자신과의 노력의 결실입니다.

완벽함이란? 책과 기술을 내 육체로 정화해서 변화시키는 것입니다.

  실전운전, 이 책은 글로서 운전기술을 습득하는 것으로서 운전하는 데 있어서 인성(人性)이 사라져 가는 한국인의 습성을 깨우고 반성하는 책이라 생각됩니다.

  도로운전과 관련된, 사고를 줄이는데 조금이라도 힘이 되고자, 짧은 경험으로 몇 자 올려 봅니다.

  글을 읽다가 실수의 말들이 눈에 띄더라도 너그러운 마음으로 이해하시기 바랍니다.

  이 글을 읽고 안전운전을 하는데 조금이나마 도움이 되셨으면 하는 것이 저의 간절한 바람입니다.

  한국의 인정(人情)은 비를 만난 나그네에게 비를 피할 수 있게 만든 한 뼘의 처마에 있습니다.

  그러나 현대의 건물은 창문을 열고 비를 바라볼 수도 없게 만든 서양의 건물들뿐입니다.

  언제 다시 한 뼘의 인정이 있는 한국인으로 돌아올 수 있을까요? 인간의 단점은 나에게 필요한 것만 섭취한다는 것입니다

  인생을 살다 보면 필요하지 않은 것도 필요할 때가 생기는 법이며 현재는 필요를 느끼지 못하는 게 대부분 사실입니다.

  글은 글일 뿐입니다. 아무리 좋은 글이라도 자신이 습득하지 않으면 잊히는 글로 남을 것입니다. 운전하지 않아도 이 글은 읽을 필요가 있는 책입니다.

  운전자가 흘려 읽은 부분이 자신에게 정말 필요한 문제일 수도 있습니다.

2012. 6. 15

글쓴이   秋山

차 례

열매를 맺기까지

꽃이 피려 합니다
힘든 세월이었습니다
외로움과 괴로움
내 몸의 몸부림은
내가 아닌
또 다른 나였습니다

이제 그 많았던 시간 속에서
꽃이 피고 있습니다
하지만
열매는 익지 않았습니다
땀과 노력이
꽃이 피는 시간이었다면
열매가 맺는 시간은
인내와 반성의 시간일 겁니다

모든게
이루어진 건 아닙니다

끝난 건
아무것도 없습니다
잠시 쉬었을 뿐입니다
새로운 시작도 아닙니다

그것은
또 다른 시작입니다
열매를 맺기까지

[秋山]

1. 운전의 장

　운전은 물길이다.

　어떤 곳은 빠르게, 어떤 곳은 느리게, 어떤 곳은 휘돌아서 흐른다. 흐르는 물길을 막으면 사고로 이어진다.

　운전자는 연주자다. 빠른 곳에서는 빠른 박자로 느린 곳에서는 느린 박자로 잠시 쉬어 갈 땐 심호흡을 하면서 눈앞에 보이는 차량의 박자들을 파악해야 한다.

　실전운전이란? 자연과 사회, 도로에서 벌어지는 상황 속에서 순간적으로 솟구치는 화를 삭이고 자제력을 발휘해야 한다. 어떠한 돌발 상황에서도 대처할 수 있는 실력을 갈고 닦아야 한다. 운전 중에는 될 수 있는 한 양보해서 교통의 흐름에 어울려야 한다.

　세상을 움직이는 기계나 물질들도 암기와 기술로 습득하고 발전되지만, 기술을 익혀도 자동차 운전만은 생명위험이 항상 노출된 상태에서 도로를 주행한다. 예측하고, 방어 운전을 하고, 안전거리를 유지해도, 상대방의 실수 때문에 어쩔수 없이 발생하는 게 또한 교통사고다.

　도로의 차량은 물길이며 운전자는 음악가이다. 차량의 물길은 넘치게 막으면 둑이 터지듯 사고가 난다. 운전자는 곡을 연주하듯이 어떤 때는 빠르고 어떤 때는 느리게, 어떤 때는 한 박자 쉼표를 적시 적소에서 활용해야 안전한 도시의 운전이 되는 것이다.

운전을 잘한다는 것은 교통법규를 지키는 것도 중요하지만, 현대사회에서는 차량흐름에 잘 적응하고, 사고가 날 수밖에 없는 상황이라면 '최소로 줄이는 운전자가 운전을 잘한다.'라고 할 수 있다.

교통사고를 예방하는 것! 그것은 교통안전을 전문으로 연구하는 박사들이 오랜 세월을 거치면서 고치고 다듬어서 만들어 낸 것으로 도로운전을 보다 안전하게 주행할 수 있게 한 교통법규다. 그러나 박사들도 어쩌지 못하는 것이 있는데, 그것은 처음부터 잘못 배운 운전습관이다. 인간은 자존심이 강한 성격 때문에 운전 중에 동물적 본성을 자주 드러낸다.

도로교통법규는 박사들이 평생 실전에서 운전하면서 만들어 낸 것이 아니다. 실험과 연구결과를 가지고 이론적 토대 위에서 만든 미완성 교통법규이다. 시대는 변화한다.
인구가 늘어날수록 법규 또한 바뀐다.
한번 잘못 습관화된 운전은 바로 잡으려고 해도 좀처럼 바로 잡히지를 않는다.

'교통사고를 줄입시다!'라는 현수막이 전국에 걸려 있지만, 오히려 그 현수막이 주행하는 운전자의 시야를 가리는 역할만 할 뿐이다.
운전의 기술은 암기를 잘해도 몸이 습관화되지 않으면 언제 어느 때 불행한 사고를 당할지 모른다.
올바르게 배웠지만 잘못된 운전습관은, 운전자 개인의 잘못된 생각, 남을 배려하지않는 운전습관, 인도가 변해서 만들어진 자동차 도로, 짧은 운전지식, 도로공사의 도로공사기간 단축, 도로교통안전분야에 비전문가가 배치된 관공서, 불안정한 교통신호체계, 자격증만 있고 실전운전의 경험이 부족한 운전학원 강사의 도로운전실습, 경찰서와 구청의 이원화된 도로 순찰과 관리, 눈치 보기의 도로행상 및 보도 위에 주. 정차한 각종자동차들 등 고치려 해도 잘 고쳐지지 않는 것이 무수히 많다.

고쳐지는 것은 옆에서 충고한다고 고쳐지는 것이 아니다. 본인이 아무리 힘이 들어도 그 어려움을 어떻게 극복하느냐에 달린 것이다.

가장 중요한 것은 운전의 첫걸음을 운전학원에서 가르치는데, 운전을 가르치는 강사들의 대다수가 택시나 버스를 운전해본 실전경험이 없다는 것이다.

보통 면허증 소지자가 운전전문학원 강사자격시험에 합격하면 초보자들을 가르치는데, 실전경험이 없다 보니 제대로 된 실전교육이 어렵다는 점이다.

한 주 만에 운전면허를 취득해도 강사자격증만 취득하면 누구나 강사가 되는 시스템, 그러다 보니 실전을 위한 운전은 스스로 도로에 나가 스티커(일명 딱지)도 떼이고 사고도 경험하며 배워나가야 한다. 하지만 그 한 번의 사고로 운전자는 자신과 가족을 파멸로 이끌 수 있다.

운전은 책으로 배우는 것이 아닌 몸으로 배우는 것이다.

도로를 주행하다 보면 승용차만 다니는 것은 아니다.

상대를 알아야 나의 부족함을 알 수가 있는데 운전학원에서 가르치는 강사가 대형차의 경험도 없이 초보를 가르친다. 그 강사에게 배운 초보자는 도로에서 운전을 어렵게 할 수밖에 없다.

대형차의 구조와 대형차 운전자의 마음을 알아야 초보자가 승용차를 운전하면서 대형차의 위험으로 부터 조금이나마 벗어날 수 있다.

운전학원 강사가 되려면 대형면허는 반드시 소지해야 하고, 운전강사 자격증을 취득한 후 여객 버스에서 6개월 이상의 체험교습을 해야 한다.

대형차를 충분히 안 다음에 운전학원에서 초보 교습생을 가르쳐야 한다.

현대인들의 생활 방식을 살펴보면 유치원생부터 대학생까지 승용차나 대중교통으로 통학하며 걷는 것을 멀리한다.

그러다 보니 걸어서 통학하는 게 마치 서민이나 하는 행동으로 취급당한다.

그런 이유로 서민은 가난을 숨기기 위해 융자를 얻어 승용차를 장만하고 이왕이면 큰 차, 외제 차를 무리해서라도 사게 된다. 이것이 도시인의 현실이다.

현대사회가 범죄에 많이 노출되다 보니 '유괴' 같은 범죄 때문에 어린이들이 걷는 것을 꺼리는 것은 나름의 이해가 간다. 하지만 습관이나 귀찮아서 걷지 않는 것과는 다르다.

이미 습관화된 것, 하지만 세월은 바꾸어 줄 수 있다.

바꾸는 세월이 지겹다고 느끼는 사람에겐 운전과 관련된 사고가 자신과 가족에게 언젠가는 다가올 것이다.

인간이 가질 수 있되, 지나치면 안 되는 것이 있는데, 그것은 욕망, 욕심, 욕정이다.

욕망은 권력과 재력의 또 다른 말이기도 한데, 욕망이 깃든 인간 때문에 극소수의 숫자에도 세계는 움직여지고 있는지도 모른다.

욕망은 운전의 과속과 같으며 일찍 도착한다는 착각이 들게 한다. 속도가 빠르면 빠를수록 위험도는 커진다.

욕심은 일반인이나 가난한 사람들이 갖는 희망으로 실제 이루어지는 것은 드물고 대부분이 꿈에 머무른다.

욕심은 운전의 신호위반과 같으며, 횟수가 많을수록 위험도는 커지고 미련이 남게 된다.

도시에서의 욕심(신호)은 신호를 위반하고 건너도 또 다른 신호에서 걸린다는 것이 단점이다. 욕심은 또 다른 욕심을 불러오고 과한 욕심은 사고를 일으키게 한다.

욕심은 자신을 돌아보지 못하고 사고를 당한 후에야 자신의 잘못을 인정한다는 것이다.

욕정은 인간이 버리지 못하는 본능이며 순간적으로 동물로 돌아가는 습성이다.

욕정은 운전의 끼어들기와 같으며 서로의 교감이 이루어져야 한다. 교감이 이루어지지 않은 상태에서 시행하면 위험도는 커진다. 어떤 장소, 어떤 시간대에서 상대차로 때문에 사고가 났다면 그것은 분명 그 차가 잘못이지만 그 이면에는 나의 욕심(양보가 없었다는 것)이 지나쳤다는 것을 알 수가 있다.

자동차도로의 차선은 경주용 자동차의 차선이 아니면 될 수 있는 한 3차선 이상 만들지 말고, 그 이상으로 만들 때는 2중, 3중의 고가 차로를 만들어야 한다.

많은 인구가 밀집된 곳에서는 차선을 줄이고, 지하철과 시 외곽으로 빠져나가는 기차 철로를 만들어야 한다.

아파트 단지나 빌라단지 등은 어린이가 마음 놓고 뛰어 다닐 수 있게 주차장을 지하로 만들고 지상은 나무를 심어 자연을 순환시켜야 한다.

자연은 인간도 하나의 작은 자연으로 분류한다. 차량

한 대가 도로를 준법 주행하는데, 자연으로 사고를 유발하는 일은 거의 없다. 우리는 천둥을 두려워하고 번개를 무서워한다. 그 천둥과 번개는 결코 구름 하나로는 일어나지 않는다. 어떤 일이든 모습을 보이고 소리를 보낸다.

그것이 자연이다.

그러나 자연 속의 자연은 눈으로 볼 수도 없고 소리도 들을 수가 없다. 오로지 감으로만 느낄 뿐이다.

비가 올 때면 하늘의 변화를 보여주고 계절이 바뀔 때는 산과 바람의 변화를 보여준다.

작은 변화는 작게 큰 변화는 크게, 자연은 자연을 통해서 자연 속에 사는 생명체들에게 변화를 느끼게 한다.

사고가 날 때 차량이 부딪치는 소리는 천둥보다 두렵고, 그 순간은 번개보다 무섭다.

우리가 운전하면서 간격과 차선을 지키는 것도 중요하지만 어쩌면 양보야말로 인간이 동물과 다른 점을 보여주는 진화된 면이라 할 수 있겠다.

양보는 초보자들이 많이 하는 것처럼 보이지만 실질적으로 선배들이 더 많이 베풀어 준다.

초보자들이 운전하는 것은 선배들의 양보 때문이라고 해도 과언이 아니다.

하지만 초보자들은 모른다. 그러나 그들이 1년이 되고, 10년이 지나면 '선배들의 양보'가 무슨 말인지 알 수 있다.

또한, 면허경력 5년의 운전자가 다른 계통의 차량을 처음 운전할 때는 초보자와 다름없는데, 그때에도 그 계통의 선배들은 그 초보자에게 크나큰 배려(양보)를 해 준다는 것이다.

그런 것이 곧 운전이고, 모두가 더불어 살아갈 수 있는 자연 속 인간의 법칙이다.

욕심은 누구나 가질 수 있다. 그러나 지나친 욕심은 나를 해치는 것에 끝나지 않고 주위의 가족과 소중한 사람까지도 해칠 수 있다.

운전하면서부터는 알아야 할 것들이 많다. 실전을 겸한 운전에서는 순수 자연형과 강제 법규 형이 있다.

순수 자연형: 자연과 더불어 동조하면서 운전하는 것.

강제 법규형: 도로교통법규를 기준으로 스스로 감정의 강제성을 배제하면서 운행하는 것.

실전운전은 자연적인 것과 강제적인 것을 병행하는 운전이다. 사고를 유발하는 운전은 자연적인 도로에서 강제적인 법규로 동물적인 구속을 탈피하려는 습관 때문이다.

모든 인간이 도로교통 법규 데로만 안전운전을 하면 사고는 일어나지 않는다.

인간의 감정은 수시로 변한다. 인간이 아무리 동물의 종류에서 분리되었어도 네발이 있는 한 동물일 뿐이다. 신처럼 행동하는 사람이 있는가 하면, 그런 사람을 따르는 사람도 있다.

사람들은 동물들을 맹수류와 초식동물로 분류해 놓고 그것들을 경계하면서 생활하고 있다.

그 속에서 인간인 자신들도 분류하여 생활하면서, 인간은 평등해야 한다며 외친다. 인간은 지구 상에 존재하는 모든 것들의 표본이다.

짐승 같은 인간과 벌레 같은 인간이 같은 도로에서 운전하고 있다고 생각해 보자.

당신과 같이 도로를 운전하는 사람은 나와 같은 종류의

인간이 아닐 수도 있다.

　애인과 같이 길을 걸으면서도 각각 다른 생각을 하는 거와 같다. 동물과 인간이 다른 점은 인간은 두 발로 걷고 누워 자지만, 동물은 두 발로 걷거나, 누워서 잘 수 없다는 것이다. 인간은 신이 되고 싶은 동물일 뿐이다.

　영리한 쥐가 머리를 크게 하려 해도 개가 될 수는 없다. 운전은 서로 다른 그들이 함께 조화를 이룰 때 자연이 되는 것이다.

철새들의 이동

　새떼들이 떼 몰이로 날고, 물고기 떼가 한순간에 이동해도 그들 속에는 속도와 간격이 있다. 이것이 자연의 순수한 이동 경로다.

　인간은 동물하고 달라서 뼈와 살이 녹지만 않는다면. 무엇이든지 할 수 있는 능력을 갖췄다. 잘못된 습관이야 고치면 되지만 조상 대대로 물려받은 성격은 쉽게 고쳐지지가 않는다. 다만 자제할 뿐이다.

　운전자는 먼저 운전의 예의를 알아야 한다. 인간의 삶은 자연 속에 있고 운전은 자연과 어울려야 한다. 자연을 무시해 버릴 때 그것은 이미 "종말"의 시작이다.

인간만을 위한 인간이 우선인 개발은 종말에는 인간까지 죽게 만들 것이다.

도시개발중인 구역

무식한 부모는 자기가 못다 이룬 꿈을 자식에게 전가하고, 지혜로운 부모는 자식의 자질을 발견하여 성공하게 한다.

[秋山]

운전자의 수칙

• 마음이 안정이 안 된 상태에서 운전하면 안 된다.
• 충분한 수면이 안 된 상태에서 운전하면 안 된다.
• 몸 상태가 안 좋은 상태에서 운전하면 안 된다.

운전하면서 먼저 익히고 습관화해야 해야 할 예절이 있다. 그것은 속도와 간격이다. 동물과 달리 인간은 물건을 돌리고 접었다 폈다 할 수 있는 지능이 있다.

운전하면서 양보를 하라고 하지만, 양보는 강요에 의한

법규가 아니고 스스로 우러나는 마음으로 배려하는 것이다. 아무 때나 양보를 하고, 속도를 줄이고, 간격을 늘리면, 더는 다닐 수 없는 도로가 될 것이다.

모든 법규를 지키는 사람은 한 명도 없다. 그러나 법규를 무시한 사람은 또 다른 사람에게 해를 입히는 것이다. 법이란 약한 자의 마지막 비상구이다.
자연은 적자생존의 법칙으로 존재한다. 인간들의 사회에서도 강자만이 살아남는다. 일부 인간들은 적자생존適者生存의 사회에 살면서도 자신의 잘못은 되돌아보지 않고 부모 탓, '사회가 나를 위해 해준 것이 뭐냐' 고 세상을 원망하며 좌절과 파탄 속에 인생을 허비하고 있다.

부모父母는 세상에서 가장 위대한 스승이며 신이다. 부모가 잘났으면 잘난 대로 배울 점이 있고, 부모가 못났으면 못난 대로 배울 점을 자식들에게 가르치면 되는 것이다.
잘난 부모를 둔 자식들은 부모처럼 되겠다고 할 것이고, 못난 부모를 둔 자식들은 부모처럼 되지는 않겠다고 할 것이다. 형제, 자매는 훌륭한 선생이며 가족은 작은 교정이다. 그러나 인간은 동물과 다른, 신처럼 행동하는 습성이 있어서 동물과 달리 규율을 만들어 놓고 생활하는데 그 규율은 머리 좋은 약한 자가 만들어 낸 법이라는 것이다.
그러나 그 법이란 것은 머리 좋은 강한 자에게 더욱 편리한 규율이 되고 있다. 약한 자가 살아 남는 길은 오직 한 가지 일에 일생을 거는 것이다. 그 일이 나만이 할 수 있는 일이라면 성공의 길은 더욱 확실해 진다.
성공한 사람을 따라 한다고 성공하는 것은 아니다.

　성공은 무수히 많은 실패와 좌절을 거쳐 야만 성공이라는
열매를 얻을 수가 있다. 운전의 속도와 간격은 인생의
여정과 같다. 법규를 위반하면서 주행하면 그 운전자는
인생의 황혼기를 참담하게 보내야 할 것이다. 또한, 다른
운전자의 인생까지도 변하게 한다는 것이다.

깨달음이란 ?
하루를 뉘우치고 반성하며
편안한 잠을 이루는 것!　　（秋　　山）

 # 2. 주행 법

자동차를 배우면서 제일 먼저 하려는 것이 앞으로 굴러가는 것이다.

우리는 이것을 주행이라 한다. 그러나 주행에도 방법이 있다. 그것은 빠른 차량일수록 좌측차선으로 달리고 느린 차량일수록 우측차선으로 달리는 것이다. 또한, 같은 차선으로 달린다 하여도 뒤에 오는 차량이 나보다 빠르다 싶으면 느린 차선으로 양보해 주는 것이 올바른 주행이다.

주행 법을 무시한 주행차량

운전 중에서 지목해야 할 사항은 '주행 법'을 모르는 것과 이행하지 않는 자존심이라는 것이다.

* 주행 법은 뒷장에 나열한 절대 수칙과 같은 맥락으로 연결되어 있다. 처음부터 잘못 길들여진 동물처럼, 권력과

재력이 우선으로 시작하고 발전된 한국의 자동차 문화는 현대에 와서 바꾸려 해도 지나온 과거만큼이나 변화시키기 어렵다.

우리의 자동차 문화는 이 '주행 법'을 운전자가 스스로 실행하지 못하면, 교통법규를 고쳐도 한국인 내면의 교통법규가 바로잡아지기까지는 오랜 세월이 걸릴 것이다.

1945년 이후에 한국인의 가장 큰 문제는 질서없는 행동의 조급한 마음이 가슴 속 깊이 배어있다는 것이다. 다른 한 가지는 자기 자신을 너무 모른다는 것이다.

경력 10년 된 운전자가 도로를 주행하면서 자기가 최고라는 착각으로 도로를 주행한다는 것이다.

그것은 "이 사회가 유능한 나를 못 알아봐!"라는 착각속에 사는 사람들과 별반 다를 바가 없다.

저 학력 시대인 과거에는 내 주제에 이것도 황송하지 하면서 일생을 살았지만, 고 학력 시대의 현대인들은 "너 같은 자도 되는데 내가 왜 안 되는 거야!" 하면서 자신의 위대함만 앞세우고 자신의 부족함은 돌아보지 않는다.

뛰는 자 위에 나는 자가 있고, 나는 자 위에 그런 자들을 부리는 자가 있는 법이다. 평상시에는 팔자걸음으로 여유를 부리다가도 운전대만 잡으면 여유가 없어지고 돌격 성향으로 변하는 것이 현대인이다.

걷던 사람도 차만 타면(운전하면) 권력이 생겼다는 것이다.

여유 있게 주행하다가도 전방에 두, 세대의 차만 보여도 마음이 조급해지면서 급하게 돌변한다.

오늘날 자기분야에서 성공한 사람은 24시간이 부족하다고 한다. 즉! 시간이 항상 부족하면 성공한 사람이다. 반대로 집에 오래 머물러있는 사람의 장래는 어둡다.

양반과 천민의 계급이 존재하던 과거에서 계급사회가 없어져 버린(실상은 계급사회는 계속되고 있다) 현대사회에도 가진 자나 없는 자가 공통으로 느끼는 것, 그것은 변하 지 않고 지워버리기 싫은, 과거에 조상이 남긴 족보 (계급사회 의 잔재)다. 그것은 양반가문이나 천민 집안 모두 없애지 못한 체 변화된 이 시대까지 뿌리를 내렸다.

변함없는 족보의 영향력은 도로 운전에서 고스란히 그 참모습을 보여주고 있다.

양반가문의 후손은 운전하면서도 '감히 양반이 운전하는 데,' 하면서 운전하는 경우고, 천민 집안의 후손은 자신도 모르게 치부(恥部)인 족보의 영향을 받아 행동으로 드러나는 습관이다.

도로교통법을 제정할 때, 상, 하 관계가 분명한 계급 사회였던 과거 우리 역사의 심리학적 측면을 현대사회의 도로교통법규에 포함했어야 했다.

골목으로 들어갈 때, 족보의 영향을 받은 습관이 나타난다. 골목의 상황을 살펴보지도 않고 미리 차선을 넘어 들어가는 경우이다. 정지선이 있는데도 무시하고, 빨리 들어가려는 조급한 마음에 핸들을 돌려 차선과 중앙선을 미리 넘어 들어간다.

골목엔 주차한 차들로 가득하고, 골목에서 나오는 차량과 마주치기라도 하면 난감한 상황이 된다. 우회전할 때에도 족보에 의한 습관은 나타난다. 빌딩 지하주차장이나 아파트 지하주차장의 입구에서도 마찬가지다.

양반의 족보라면 넓은 아량으로 서행과 양보로 선행하고, 천민의 족보라면 윗분을 대하는 태도로 서행과 양보를 해야 한다.

　그러나 어떤 상황이든 앞의 차량이 양보했다고 해서 족보의 신분이 드러나지는 않는다.

　운전하면서 마음이 앞서면 절대 안 되며, 미리 보는 것은 좋지만, 정지선에 도착한 다음에 핸들을 돌리는 습관을 들여야 한다. 운전하는 데 있어서 어떤 족보를 가지고 있어도 도로운전에서 과거의 족보는 통하지 않는다.

　족보를 주장하면 할수록 사고도 커지는 변화된 모습으로 다가온다는 것이다.

　재력과 권력을 겸비한 사람은 직접운전을 하지 않는다.

　뒷좌석에 앉아서 구경만 할 뿐이다. 당신이 양반임을 자부한다면 운전을 직접 하지 말고, 택시나 지하철과 같이 남이 운전하는 것을 타고 다녀라.

　운전하다 건너편 길에 자신의 아이들이 보이면 큰 소리로 부르는데, 절대 그래서는 안 된다. 아이를 부르는 순간 아이들은 무작정 뛰어 오기 때문에 아이의 교통사고를 부모가 만들어 버리는 꼴이 된다.

　눈에 보이면 문자를 보내던지 본인이 곁에 가서 만나는 것이 안전한 행동이다. 골목에서 나갈 때는 일시 정지해서 좌, 우를 살핀 다음 진입을 하고, 건널목이 나오는 도로에서는 가속페달에서 발을 떼어 정지 페달을 두어 번 밟은 다음에 교차로를 건너야 안전하다.

　사람마다 차이는 있지만, 사람은 나이가 들수록 자제력이 커지고 나이가 적을수록 자제력도 작아진다.

　자제력의 최고치는 70세를 기준으로 보는데 그 이상이 되면 오히려 자제력이 떨어진다. 젊을수록 화가 많고, 늙어

갈수록 화가 적어진다. 사람들은 화를 삭일수록 철이 들었다고
한다. 화를 참아 낼수록 선인이 되어 간다고 한다, 그러므로
화를 내는 것은 자제력과 밀접한 관계를 맺고, 그 자제력은
운전에서 아주 중요한 역할을 한다. 젊을수록 자제력이
작아지고 늙을수록 자제력이 커진다. 자제력은 겁이 많고
적음과 비슷한 성격을 띠지만, 비겁한 경우와는 차이가
난다.

운전하면서 자제력이 작으면 곧 겁이 없이 운전하는 거와
같고 분별력 또한 희미해진다.

인간이 자제력도 없고 분별력도 없으면 한마디로 바보가
되는 것이다. 운전하면서 절대로 바보처럼 되지는 말고
젊을수록 분별력과 자제력을 키우는 운전자가 돼야 한다.

주행 법에는 ‘한 차 더 보고 출발하고,
한 차 더 보고 끼어들고
한 차 더 보내주고 회전하자’ 가 있다.

이것이 주행하기 전의 암기과목이며 실전운전의 기초과목
으로서 가슴 깊이 새겨야 할 부분이다.

사실 이런 것은 필요가 없지만, 현대사회의 발전 탓에
필요하게 된 지도 모른다.

정지했다 출발할 때는 차 한대라도 더 쳐다 본 다음에
출발 을 하고, 차선변경을 할 때는 차 한 대라도 더 쳐다본
다음에 끼어들고, 내가 급하더라도 차 한 대라도 더 보내주고
우회전을 해야 안전하게 오너드라이브의 기쁨을 누릴 수가
있을 것이다.

3. 초보자

　쉬우면서도 하면 할수록 어려운 것이 운전이다. 운전하다 보면, 권태기와 징크스가 발생하는데 그것을 극복해야만 그다음 단계로 넘어갈 수가 있다.

　운전면허를 취득하고 초보자가 자동차를 운전하여 도로를 주행하다 보면 모든 것이 어렵다.

　초보자가 먼저 배워야 할 것이 두 가지가 있는 데 그것은 뒤로 주차하기와 끼어들기(차선변경)이다.

　주행하는 차량이 없을 때 차선을 넘으면 차선변경이 되고, 주행하는 차량 앞이나 옆으로 차선을 넘으면 끼어들기가 된다. 끼어들기는 뒤에 나오는 전방 법을 활용하여 전개하면 안전한 주행으로 운전하기가 한결 쉬워진다.

　옆 차선에 차량이 보이지 않아서 차선변경을 했는데, 그 차선으로 들어서서 후미 경을 보니까 멀리서 차량이 보인다.

　이때 자기가 들어간 차선에서의 주행속도는 40~50km이고 그 차선에서의 달리던 차량의 속도는 70~90km일 수도 있고 그 이상일 수도 있다.

　이 경우 끼어든 차량은 그 차선으로 주행하던 속도를 맞춰서 주행해 주어야 제대로 된 끼어들기가 성립된다.

　버스전용차선이나 시내에서의 가장자리 차선과 버스 차선으론 될 수 있으면 주행하지 말아야 한다.

　이것만 머릿속에 기억하고 습관화시키면 초보자의

단계는 넘어섰다고 봐도 된다. 실전운전에서 가장 큰 죄는 진로방해이다.

운전하면서 무엇하나 중요하지 않은 것이 없으나 처음 출발할 때, 스틱 기어(기어가 숫자로 되어 있는 것)는 1단을 넣고 클러치를 서서히 떼면서 가속페달(액셀러레이터)을 밟고, 오토매틱 기어(자동기어)는 'D'에다 놓고 가속페달을 밟는다.

이때 초보자들이 주의해야 할 점은 가속페달을 밟을 때는 무조건 발에다 힘을 주고 페달을 밟아서는 안 된다는 것이다. 처음 주차 또는 정지했다가 출발을 할 때는 가속페달을 밟았다 떼었다 다시 밟으라는 것이다.

즉! 가속페달을 밟아 차가 출발을 하면 일단 페달을 떼었다 다시 지그시 누르듯이 밟으라는 것이다.

이것은 급출발을 예방하고 운전자의 조급한 마음을 가라앉히는 방법으로서 초보자가 숙달하면 안전운전에 한걸음 먼저 다가가는 방법이다.

브레이크 페달을 밟을 때도 마찬가지다. 한 번에 '콱!' 밟지 말고 한번은 세게 다음엔 지긋이 2번에 걸쳐서 밟는 연습을 해야 출발과 정지를 활용하여 빠르고 안전한 운행을 할 수가 있다.

운전은 수습의 연속이다. 처음 습관이 중요하다. 잘못 배운 습관은 운전대를 놓을 때까지 자신을 괴롭힌다.

초보자의 첫 번째 습관은 깜빡이(방향지시등)를 습관화해야 한다는 것이다. 두 번째 습관은 정지선에 제대로 정지해야 한다는 것이다. 세 번째 습관은 사과하는 습관을 지녀야 한다는 것이다.

이 세 가지만 지키면 초보 운전에 어려움은 별로 없을 것이다. 또한 차선변경을 하던, 끼어들기를 하던, 차선을

넘어가는 초보자들은 차선변경을 하고는 꼭 비상깜빡이를
켜서 미안하다거나 고맙다는 표시를 해야 한다.
   깜빡이[지시등]가 평소보다 빠르게 작동하면 앞이나 뒤의
깜빡이 등이 하나가 소멸했다는 것이므로 갈아주어야 한다.
   운전에 어느 정도 익숙해지면, 자신 때문에 남이 상해를
입는 일이 발생하는데, 운전하는 자신도 알면서 사고 나기
까지의 상태로 간다.

- 동물을 앞좌석에 앉히거나 안고서 운전하는 행위.
- 임산부나 동승자가 아기를 안고 앞좌석에 앉는 행위.
- 아동을 안전띠도 없이 앞좌석에 앉혀 부산하게 만들면서
  운전하는 행위.
- 지붕(선루프)이나 창문을 열은 상태에서 아이들이 고개를
  내민 채 운전하는 행위.
  *운전석 앞자리에 초등학생 이하는 앉혀서는 안 된다. 특히 내리막길
   에 아이를 운전석에 두고 볼일 보는 운전자가 있는데, 사이드 브레이
   크나 기어를 조작하면 어떤 일이 벌어질지 생각만으로도 끔찍하다.
- 창문을 조금 열고 담배를 피우다 담뱃재가 차 안으로 떨
  어져 불안하게 운전하는 행위.
- 신호등 정지 때마다 신문이나 책을 읽는 행위.
- 운전하면서 화장이나 딴짓하는 행위. (자살행위)
- DMB를 보면서 운전하는 행위.
- 휴대전화로 통화하면서 한 손으로 운전하는 행위.
  * 운전 중에 다른 행동은 사고의 직, 간접원인이 된다.
- 차선 중간에서 행인과 말을 주고받는 행위.
- 어중간하게 차선을 거치고 운전하는 행위.
  * 올바른 도로운전만이 사고를 줄이는 역할이 된다.
초보자나 여성 중에는 키가 작아 운전석과 운전대가 밀착

되어(일명 흡착운전) 운전하기도 하는데 매우 위험하다.

아무리 키가 작아도 운전대와 운전자 가슴의 거리는 40㎝ 이상의 거리를 유지하며 운전해야 한다. 운전자 의자는 바짝 밀착시키고 의자 상체는 뒤로 젖혀서 오른쪽 발은 정지 페달(브레이크)을 밟을 수 있으면 되고, 상체는 운전대에서 팔을 폈다가 접을 수 있는 간격인 40㎝ 정도의 거리가 적당하다. 눈은 양쪽 후사 경(백미러)으로 자차의 양쪽 뒤를 모두 볼 수 있는 위치가 되어야 한다.

안전띠는 가슴을 조이지 않을 정도로 클립을 끼워서 사용해야 안전하고, 안전 고리도 한 번 정도는 끼웠다 뺀 후 시험해보고 사용하는 것이 더욱 안전하다.

어떤 안전띠는 잘 안 빠지는 것이 있는데 위급한 상황이 되면 위험할 수도 있다.

자동차를 만드는 회사에서도 키가 140㎝만 되어도 운전할 수 있도록, 운전석과 운전대의 높낮이를 조절하게 해서 여성운전자들의 편의를 제공해야 할 것이다.

초보자는 대형차나 고급 차만 선호하지 말고 자신에게 맞는 차를 선택하여 운전을 먼저 배우고, 차종은 나중에 선택해도 된다. 아주 작은 사소한 일로도 크게 발전하는 것이 교통사고이다.

사실 운전이란?

면허증이 없어도 앞으로 가는 것은 누구나 쉽게 한다.

처음 운전을 하는 운전자는 자신을 과시하기 위해 새 차를 선호하고 권력가나 재력가들은 외제 차를 선호하지만, 사고를 당하면 어떤 차종이든 별반 차이가 없다. 아무튼, 처음 운전을 한다는 자체가 황홀하며 흥분된 그 느낌은 아이스크림처럼 달콤하다. 초보운전자가 알아야 할 중요한 몇 가지가 있는데, 시도 하고 숙지하면 안전하겠지만, 피하면 평생 후회하게 될 것 이다.

초보자는 자동차를 3~5년 된 중고차로 선택하라!

자동차 고장에 대처하거나 관리하는 방법 등 자동차의 상식을 많이 배울 수 있다. 작은 것에 목숨을 걸어라.

불량 유리 닦기(솔)를 교체하지 않다가 앞유리가 긁혀서 유리 전체를 교체하게 될 수도 있다.

엔진오일이나 물 보충을 안 해서 엔진이 깨지면 엔진을 통째로 교체할 수가 있다.

유류만 확인하고 보충하지 말고 부속과 부품 확인을 수시로 해야 자동차를 오래 유지할 수가 있다.

오래된 배선 때문에 가끔 차량화재가 일어나는 예도 있으니 5년이 지난 차량은 배선을 살펴보고 문제가 있으면 교환해야 한다. 잘 모르는 것은 엔진오일을 교환할 때 정비사에게 물어보라! 타이어의 구멍을 메우는 작업(펑크)도 눈으로 보고 배워두면 비상시에 유용하게 사용할 수 있다. 초보자의 걸음마 운전을 가족에게 과시하지 마라! 부부끼리는 앞 자석에 같이 타지 마라. 함께 갔다가 따로 온다.

- 처음 운전하는 초보자는 주행 법을 반드시 지켜라!
  깜빡이(지시등)를 켜는 것을 반드시 습관화해라.
- 후진할 때에는 백미러(후방거울)를 보면서 해라!
  고개 내밀고 운전하다 습관이 배이면 반대편을 한순간
  보지 못해 사고의 원인이 된다.
- 좌, 우측으로 핸들을 틀 때(돌릴 때)는 먼저 고개부터
  돌리는 습관을 지녀라,
- 차 문을 열 때에는 뒤를 돌아보고 난 다음 열어라.

- 초보자는 차량용 전방 카메라를 장착하고 운행하라.
- 초보자가 운전할 때에는 시내에서는 1, 2차로, 고속도로에서는 맨 우측 차로로 운행하는 습관을 배워라!
- 핸들을 돌릴 때는 움직이는 상태에서 돌려라. 정지 상태에서 핸들을 돌리면 어깨만 아플 뿐이다.
- 핸들의 회전은 속도에 비례한다. 저속일 때는 빨리 돌리고 고속일 때는 천천히 돌려라.
- 전방이 흐리다 생각되면 안전을 위해 안개등을 켜고 다녀라. 이때 미등은 안전성이 없다. 안개등이 없을 때는 전조등을 켜고 다니는 것이 도움된다.

* 위 사항만 제대로 지켜도 당신은 이미 초보자가 아니다.

시내에서는 1, 2차로로 다녀라!
시내에서는 보통 3, 4차로로 되어있다.

그중에 3, 4차로는 상점의 물건들과 차량의 잡상인들로 도로의 한 차로는 항상 점령당하고 있다. 거기다 군데군데 차들의 주, 정차 때문에 3, 4차로는 있는 데 없어진 도로가 되어있다.

어떤 곳에서는, 야간에 야광판도 없는 자전거가 역주행하고, 참살이(웰빙) 바람을 타고 새벽에 자동차 길로 역주행하는 마라토너도 종종 있다.

전쟁 탓에 배고픔의 아픔이 있는 질서를 잃어버린 한국의 서민들, 굶주린 승객은 버스가 정류장에 정차하기도 전에 그때를 생각하며 우르르 도로로 내려온다.

버스는 도로에 내려선 승객들 탓에 3차로와 4차로 중간에 정차한 상태로 승객을 태운다.

3차로로 달리던 승용차나 화물차, 자전거나 오토바이 등은

정차한 버스 때문에 일부는 2차로나 1차로로 차선변경을
하지만 준법정신이 투철한 운전자들은 대부분 그대로
멈추어 버린다. 그 와중에 초보자가 차선변경을 하겠다는
것은 매우 위험한 행동이다.

처음이 중요하다!

시내에서는 승용차는 3차로에서는 1차로로, 4차로에서는
1, 2차로로 주행하는 습관을 지녀라! 승용차가 3, 4차로를
다니는 것은 대형차의 진로를 방해하는 것이다. 또한, 1톤
화물차나 승합차가 승용차로로 다니면 차선위반에 해당하며
진로 방해가 된다.

시내에서의 1차로 화물차 주행

주행하다 옆으로 끼어들 일이 생기면 깜빡이 지시등을
켜고 느긋하게 옆으로 천천히 들어가면 된다.
이때, 절대 서두르지 말고 옆 차량이 서행 또는 정지하는
아량을 베풀어 줄 때까지 기다렸다가 끼어들기를 하고
끼어든 후에는 반드시 비상깜빡이로 고맙다는 신호를
보낸다. 차선변경을 위한 끼어들기는 진로방해가 적용되기

때문이다. 또한, 뒤 차량에도 미안함을 표시해 주어야 하므로 비상깜빡이(비상등, 빨간 삼각형 마크)를 켜고 주행하는 것도 잊어서는 안 될 주행의 예절이다. 이때, 깜빡이의 사용을 적절하게 하여야 한다.

한 번만 깜빡이면 '미안해!' 또는 '미안하다!' 하는 아랫사람에게 하대하는 경우가 된다. 반면 너무 많이 깜빡이면 조롱하는 경우가 된다. 깜빡이는 뒤차가 감지할 수 있는 3~5회가 적당하다. 간격과 속도를 유지하는 것이 좋다.

앞차가 멀어지면 빨리 가서 간격을 유지하고, 앞차가 옆 차로로 빠져서 공간이 벌어졌다면 속력을 높여 공간을 채우는 것이다. 이것이 앞에서 배운 간격과 차선의 주행법이다.

이러한 것이 어려워도 자주 하다 보면 숙달이 되고 어느새 운전이 부드러워지는 것을 느끼게 될 것이다.

공간을 한동안 떨어져서 주행하면 급한 운전자는 그 틈으로 끼어들기를 할 것이다. 너무 느리게 가는 것도 뒤 차량에 진로방해가 되는 것이다.

후진할 때에는 비상깜빡이를 켜면 더 안전하다. (야간 후진 시 전조 등은 *끄고* 후진한다.)

좌, 우회전 시, 깜빡이(지시 등)를 작동하며 회전하는데, 좌회전 차로에 들어선 상태에서 좌회전 신호정지 시에도 계속해서 지시등을 작동하고 있는 차가 있다.

신호로 말미암은 정지 시, 깜빡이는 될 수 있는 데로 꺼 주는 것이, 뒤에 정차하는 운전자의 눈을 보호해주는 운전의 예의이다, 특히 야간 운전 시는 더욱 그렇다.

깜빡이가 갑자기 빠르게 켜지면 하나가 작동 불량이다.

방향을 바꿀 때에는 시내에서는 100m 시외에서는 200m

전에서 반드시 깜빡이를 작동하면서 회전한다.

  진입한 다음 깜빡이를 켜는 것은 멍청한 짓이고 회전한 다음에나 정차 시 신호대기 시에는 전멸 등을 꺼 주는 것이 바람직한 예의이고 실전운전 주행법이다. 좌회전 차로에서 유턴할 시는 좌회전 점멸보다 비상 깜빡이를 작동하며 회전하는 것이 안전한 유턴 주행법이다.

  초보자가 운전할 때에는 시 외곽이나 고속도로에서는
  가장 우측차로로 운행하라!

  초보자가 시내를 벗어나 외곽으로 나갈 경우, 두려움이 앞설 것이다. 그러나 두려울 것이 없다. 외곽이나 고속도로에서는 양보가 우선이고 맨 우측으로 차량을 운전하라.
  차선은 차량에 의한 차선이 아니고 속도에 의한 차선이다.
  우측으로 달리다가 앞차보다 빠르다 싶으면, 한 차선 좌측으로 진입해서 앞차를 추월하고 다시 우측으로 들어가서 달려야 정상적인 준법 운행이다.
  초보자는 당연히 우측으로 운행해야 올바른 안전 운행이 되는 것이다.

초보자의 잘못된 도로주행

운전학원의 강사들도 초보자를 가르칠 때 우측 주행부터 가리키는 것이 베테랑 강사이다.

교차로에서의 회전 시 차로의 이탈, 이것은 50년 경력자도 습관적으로 행하는데 운전자들이 반드시 숙지하고 회전을 해야 할 매우 중요한 부분이다.

2차로 주행차량은 좌회전할 때, 교차로를 들어서면서 대부분 1차로로 진입하고, 3차로 주행차량은 우회전하여 교차로를 돌면서 4차로로 들어가려고 한다.

2차로에서 회전하는 차량은 좌회전이든 우회전이든 교차로 통과 후에도 계속 2차로로 주행해야 한다.

교차로 내에는 차선이 없다보니 무의식적으로 돌면서 심리적인 작용과 습관 때문에 안쪽 차로로 붙으며 주행하는 것이 보편적인 성향이다.

학원 강사들은 주행을 가리킬 때 이런 것들을 염두에 두고 강습시켜야 한다.

골목에서 우회전할 때, 반드시 정지했다가 좌, 우를 살핀 후에 서행으로 출발하는 연습을 해야 한다.

군부대의 전술운전이나 이동 중에도 우측운행을 해야 한다. 시내에서 운전하던 습관대로 고속도로나 외곽도로에서도 1차로로 운전하는 것은 매우 위험하고 잘못 배운 탓이다.

시내에서는 1차로로, 자동차 전용도로에서는 우측차로의 주행을 습관화해야 한다.

좌측에서 주행하는 차량이, 우측에서 주행하는 차량과 같은 속도나 뒤처져서 주행한다 싶으면 조속히 우측으로 진로를 바꿔야 한다. (시, 외곽, 고속도로 포함).

될 수 있으면 고속도로나 외곽도로에서는 1차로로 달리는 것을 자제하고, 운전자 자신이 주행하다 우측공간이 비어있으면 우측으로 차선을 변경하여 양보하는 마음을 항상 가져야 한다.

연계도로의 경우, 신호의 간섭을 될 수 있는 한 받지 않고 진입할 수 있게 만들면 정체현상을 줄일 수 있다.

어떤 운전자는 소로에서 대로로 들어오면서, 1차로 대각선으로 곧장 들어오는데, 매우 위험천만한 운전법이다.

자동차 전용차선에서의 1차선은 위급차량이나 추월 시 외에는 항상 비워 두어야 한다.

차선을 넘어서 끼어들려면 후사경 (백미러)에 옆 차로의 차량이 내 차의 뒤쪽으로 보일때, 옆 차량보다 더 속도를 내서 들어가야 안전하다.

야간에도 후사경(백미러)에 끼어들 옆 차량의 전조등 (라이트) 불빛이 내 차의 뒤쪽에 보일 때, 깜빡이를 켜고 빠른 속도로 끼어들어야 안전하다.

대부분의 승용차 운전자는 좌측엔 들어가려고 하지만 우측엔 들어가려고 하지 않는다.

사고가 난 지점을 지나가려면 많은 시간을 허비하는데 그 장소만 지나면 차량은 우측으로 가지 않고 계속 좌측차로로 주행하는 것을 볼 수 있다.

시내에서나 고속도로에서나 빠른 것은 왼쪽으로, 느린 것은 오른쪽을 머릿속에 깊이 새겨서 차선과 간격을 유지해 갈 때 진정한 오너드라이브가 되는 것이다.

막히는 곳을 지나가면 그 차로는 느린 차량이 빠른 차량을 막고 1, 2차로로 가는 것을 목격할 수가 있다.

항상 기억하라!

시내에서는 1차로로!
고속이나 외곽에서는 우측으로부터의 주행 속도를!

고장이나 급한 일을 당했을 때, 차선을 적절히 이용해야 하는데, 차량에 이상이 있을 때는 맨 우측 가 차선으로 비상등을 켜고 운행해야하며, 이때, 우측으로 가는 긴급차량(고장차량)은 라이트를 켜면 안 된다.

급한 일을 당했을 때는 1차로로 가되 라이트(전조등)와 비상등을 반드시 밝히고 주행해야 차량들이 피해서 양보해 줄 것이다.

또한, 경광등을 달은 차량은 긴급 상황이 아니면 등을 끄고 긴급 상황에서만 켜야 한다. 경광등을 달은 차량 중에 몇몇은 출, 퇴근 때, 밀리는 구간에서만 적절히 경광등의 효과를 보는 운전자가 있는데, 경광등이 신임을 잃으면 경광등의 효과는 무용지물이 된다.

1차로나 좌회전 차로에서 회전할 때 승용차의 회전차선은 4차선 이상(왕복 2차선)이 돼야 회전할 수 있다.

대형차들은 최소한 5차선이어야 회전할 수가 있다. 좌회전이나 회전차선에서 회전할 경우, 반대차선이 2차선 이상 되어야 회전할 수 있다.

또한, 좌회전 차로의 회전이 있는 차선에서 회전할 경우라면, 좌회전 깜빡이보다는 비상 깜빡이를 켜야 회전하는 차량인 줄 안다.

만약 회전하는데 맞은편 반대차선이 1차로만 있다면, 회전하는 것을 포기하고 2차로가 있는 곳에 가서 유턴해야 한다. 2차로인 곳에서는 핸들을 미리 다 돌려놓고 회전하되 돌면서 핸들을 풀면 안 된다. 돌다가 돌지 못하면 빠른

손동작으로 후진과 전진을 하여 신호를 받고 출발하는 차들의 피해를 줄여야 할 것이다.

주의할 점은, 회전할 당시 차량이 곧게 정지하지 않고, 삐딱하게 차량의 뒤 꽁지(범퍼 부분)가 차선에 걸리게 정차해서, 옆 차로의 주행 차량을 방해하면 안 된다.

겨울철 시동을 걸고 움직이기 전에, 정지 페달(브레이크)을 서너 번 밟아 주는 것이 좋다.

밤새 라이닝에 물기가 배어 있을 수도 있어서 출발하다 위험해져 급정지해도 정지가 안 되고 밀릴 수 있기 때문이다.

자동차를 운전하면서 담배를 피우는 운전자가 상당히 많은데, 피우던 담배의 담뱃재를 창문을 열고 밖에다 턴다.

일부는 담배꽁초를 밖으로 버리는데, 이 피우다 버린 담배꽁초 때문에, 재난사고나 교통사고가 일어날 수 있다.

차를 타고 달리면서 창문을 완전히 열고 다니는 차량은 대부분 없고 4분의 1만 열든지 3분이 1만 열고 달린다.

그런데 차가 달리는 속도 때문에 바람은 밖으로 나갈 수도, 안으로 들어올 수도 있다는 것을 운전자들은 잘 모르는 것 같다. 바람은 차량이 달리는 속도가 최소한 80km 이상으로 달려야 차량 안에서 밖으로 빠져나간다.

80km 이하로 달리면, 바람은 들어오기도 하고, 나가기도 하면서 회오리(소용돌이) 상태로 변한다.

또한, 80km로 달린다 하여도 창문을 열고 있는 면적에 따라서 바람은 밖으로 나가기도, 들어오기도 한다.

당신이 담배를 피우면서 80km 이상으로 달린다 하여도 창문을 4분의 1만 열고 담뱃재나 담배를 버렸을 때, 그것들은 밖으로 나가는 것이 아니고 차 안으로 들어와 당신의 운전을 저해할 요소가 크다.

담배를 피우려면 창문을 반 이상은 내려놓고 피워라.

그것이 교통사고의 위험을 미리 방지하는 조치이다.

그보다는 차량을 세워놓고 피우는 것이 가장 안전한 방법이다. 또, 한 가지는 대각선으로 창문을 열어 놓아야 한다.

운전 쪽의 문을 3분의 1만 열었다면 뒷좌석이나 동승자 쪽문을 4분의 1로 열어 바람의 길을 만들어 주어야 한다.

그래야 바람이 회오리를 일으키지 않고 앞쪽으로 들어와서 뒤쪽으로 나간다.

차량이 고장일 경우, 1차로나 2차로에 그냥 세워놓고 보험사에 신고하는 경우가 대다수이다.

이럴 때, 운전자는 고장차량 뒤로 가서 달리는 차량을 향해 차선변경을 유도 하는 것이 전부이다. 이때, 차선이 곧게 나 있으면 고장 난 차량이 보여서 사고의 위험이 줄지만, 차선이 굴곡이 된 상태라면 상황은 달라진다.

그럴 때, 차선변경을 유도하는 운전자가 제일 먼저 사고를 당할 확률이 높다. 또한, 야간이라면 사고의 확률은 더욱 높아진다.

이런 경우의 처방은, 주간에는 1차로나 2차로, 또는, 차로에 있던 차량을 가장 우측으로 옮겨야 한다. 기어를 중립이나 자동기어인 경우는 "N"으로 하고 핸들은 우측으로 한 바퀴를 돌려 방향을 잡게 한 다음, 차량 뒤쪽으로 가서 천천히 밀면 약한 여성이어도 차량은 움직인다.

이때, 주의할 점은 차량을 5km 이상으로 밀면 위험하므로 그 이상이 안 되게 잡아 주면서 서서히 가장자리로 차량을 옮겨 놓는다. 단! 동승자가 없을 때는 시도하면 안된다.

직선도로인 경우, 차량 50m 이상 뒤로 가서 차선변경을 유도하면 된다. 차선이 굴곡 된 지점이라면 굴곡의 끝 지점에서 유도하거나, 차량이 주행하면서 자신을 볼 수 있는 지점에서 유도하면 가장 안전하다.

고장 난 차량이 자신이 유도하는 지점에서 100m가 넘든 안 넘든 거리하고는 상관이 없다.

이런 조치를 다 한 다음에 보험사에 전화하면 마음이 안정되어서, 차분하게 고장 난 차량의 위치와 주위를 정확히 알려줄 수가 있다.

야간이나 비 오는 날에 고장차량을 유도 하는 것이라면, 시동을 켜 놓은 채 라이트는 끄고, 뒤쪽 미등과 차폭 등과 비상깜빡이를 켜 놓고, 시동이 꺼진 상태라면, 모든 등이 꺼져도 비상깜빡이만 켜 놓으면 된다.

비상깜빡이도 들어오지 않는 상태에서 직선도로라면 50~100m 후방에서 반짝이는 봉이나 플래시로 차량을 유도하고, 굴곡 된 곳이라면 고장 난 차량과의 거리와 상관없이 굴곡의 끝에서, 야간 봉이나 플래시로 유도하면 가장 안전하다.

그런 후에 보험사나 가족에게 연락전화를 한다. 선 조치, 후 연락 및 보고이다. 지하주차장에 들어갈 때는 안개등이나 전조등을 켜고 들어가는 것이 좋다.

꺾어지는 부분에서는 쌍라이트(더블 전조등)를 두어 번 켜주고 돌아가는 것이 안전운전이 된다.

나오기 전에도 안개등이나 전조등을 켜고 나오는 것이 안전을 위한 운전이다. 마주 오는 차량이 있으면 전조등은 끄고 미등(뒷 등)만 켜고 운행한다.

초보자가 운전하면서 행하여야 할 사항은 여기까지다.

　도로에 나가 운전하면서 간격이나 차선, 양보는 운전에
어느 정도 숙달이 되면 자연적으로 몸이 알아서 받아
들인다.

　　차선: 차로와 차로를 구분하는 경계선
　　차로: 자동차가 주행할 수 있는 공간도로

남자는 착한여자 보다는
지혜로운 여자를 만나야 하고,
지혜로운 여자는
능력 있는 남자를 만나는 것보다는
능력 있는 남자로 만든다.

가장의 큰 실수는 벌이가 없는 것보다
자식을 내버려둔 것이다.　　　　　[秋山]

4. 초보자의 도로주행

우선 길을 알아야 한다. 운전하다 보면, 여러 형태의 도로를 주행하게 되는데, 그런 도로들도 상식으로 알고 운전하면 운전대를 놓을 때까지 장수할 것이다. 또한, 멀리 보는 습관을 지녀야 한다.

운전하는 당신의 시력이 0.5 이하라면, 반드시 안경을 착용하고 운전대를 잡도록 하고, 비 오는 날이나 야간에는 꼭 안경을 착용하고 운전을 해야 한다.

운전 중에 4차로가 나타나면 1, 2차로는 좌측 선으로 붙어서 운행을 하고, 3, 4차로로 운행할 때에는, 우측 선으로 붙어서 운행을 하면 좀 더 안전한 주행이 된다.

한 차선의 폭은 보통 2.8~3m, 승용차의 폭은 약 1, 3m~1, 6m, 백미러까지 포함하여 2m 정도이므로, 도로에 승용차가 주행 시 보통 1m 정도의 공간이 생긴다. 즉! 좌측으로 붙이라 하면, 3m의 선 안에서 흰 라인(차선)의 좌측으로 붙여서 운행하라는 것이다.

예를 들어, 승용차를 몰고(운전하고) 2차로에서 우측 차선으로 붙여서 운전하는데, 3차로에 대형차가 달리고 있다면, 내 승용차는 대형차 쪽으로 들어가고, 대형차가 내 쪽으로 달려드는 것 같은 착각이 든다는 것이다.

어떤 승용차 운전자는 그런 이유로 클랙슨을 울려 대지만 실질적으론 승용차가 대형차 쪽으로 순간적으로 빨려 들어가는 것이다.

소용돌이가 회전할 때, 회전공간이 클수록 넓게 주위의 물체가 회전하는 안쪽으로 빨려 들어가고, 속도가 빠르면 빠를수록 작은 물체는 큰 물체 속으로 빨려 들어간다. *이것을 실전운전에서는 스핀 홀(spin, hole)이라고 부른다.

자연의 법칙은 운전하는 도로에서도 발생한다. 작은 물체는 큰 물체 속으로 빨려 들어가고, 같은 물체라도 속도가 느린 것은 빠른 물체 속으로 빨려 들어간다는 것이다.

또한, 차선은 도로의 굴곡에 의해서 좌로 우로 꺾이게 되는데, 그 순간, 나도 모르게 차선을 넘어 옆 차선으로 넘어가면서 운행한다는 것이다. 이런 실수로 사고는 일어날 수도 있고, 원인을 못 찾은 조사원들은, 운전자의 과속과 졸음 등의 과실만을 이유로 재 발생할 수 있는 수사를 종결짓는다.

물론, 운전자의 과속이 절대적이라 하겠지만, 과속이 아닌 상태에서도, 도로의 회전운용을 모르고 운전하는 운전자가 대부분이라는 점이다. 이런 곳의 도로는 운전자가 굴곡이 있다는 것을 알면서도 속도를 줄이지 않는 운전자의 심리를 파악하고, 미리 감속하게 하는 것이 도로공사나 정부에서 해야 할 과제가 아닌가 싶다.

이런 굴곡지점엔 감시 카메라를 설치하고, 속도제한표시를 도로의 속도보다 10㎞ 감속해 두어야 한다.

커브의 운전기술

도로를 운전하다 보면, 도로가 우측이나 좌측으로 꺾여 있는 길이 많다. 그런 길을 운행할 때에는, 경사가 굽는 길의 가장 끝(바깥 쪽) 차로로 붙여 운전하는 것이 안전하다.

여기서 중요한 것은, 커브[휘어지는] 길에서는 in~out~in을 적용하여 커브 길을 빠져나가야 한다는 것이다.

처음 커브 진입 길목에서는 안쪽으로, 꺾어지는 부분부터는 바깥쪽으로, 일직선이 보이는 끝나는 부분에서는 다시 안쪽으로 들어가 안쪽 선으로 주행해야 올바른 커브길 운전법이다. 여기서, 좌측이니 우측이니 하는 말은, 커브가 어느 쪽으로 꺾여 있는가를 보는 것이 아니고, 끝 부분이 어느 쪽으로 나 있는가를 보는 것이다.

커브 길에서의 주행차량

4차로 도로에서 우측으로 굽은 길은, [끝이 좌측으로 끝나는 도로] 초입에서는 1차로로 진입하고, 곧 바로 3차로나 4차로로 주행하면서 보이지 않는 굴곡진 뒤를 보면서 주행을 한다. 끝나는 부분에서는 1차로로 주행을 해야 안전한 주행법이 된다.

도로의 굴곡이 심한 곳이나 양쪽의 시야가 가려진 곳, 도심의 굴곡이 된 도로에서는 in~out~in은 매우 유용한 논리이며, 정속 되었을 때의 운전법이다.

그런 곳에서의 운행은 실전운전에서 반듯이 in~out~in으로 운행해야 안전하며, 사고를 최소화하는 데 꼭 필요한 방법이다.

　굴곡 된 도로에서는 바깥 차로를 이용하여 굴곡 뒤에 장애물을 최대한 확보하면서 운행해야 한다.

　out~in~out은 과속 되었을 때의 주행 법으로, 경주 레이서들이 과속 때문에 속도를 미처 다 줄이지 못하고 급커브를 돌 때 쓰는 주행법이다.

　일반적으로 운전자들은 커브 길에서 아웃인 아웃을 쓰다가, 차들이 전복되거나 옆 차로로 주행하는 차량과 추돌하게 된다. 그 원인은 커브 진입 전에 충분한 감속을 하지 않았다는 것이다.

　만일, 보이지 않는 굴곡 된 도로 뒤에 고장 차나 물건이 떨어져 있다고 가정 해보자. 그 순간, 속도에 의한 자동차는 눈으로 보는 시각보다 더 빨리 그 지점에 도착하게 되며 그 위기의 순간을 넘길 수가 없다. 대부분 운전자가 제일 먼저 하는 것은 정지 페달을 밟으면서 운전대를 돌리는 것이 전부다.

　만약 그들이 조금이라도 멀리서 볼 수만 있었다면, 사고가 안 날수도 있었고, 사고가 났어도, 최소한으로 줄일 수 있었을 것이다. 이때, 중요한 것은 굽어 있는 각도가 어느 정도냐에 따라서 속도 조절이 필요하다.

　굽어 있는 각도가 30도 정도라면 90도를 0km로 보았을 때, 각도 90도에서 커브 각도 30도를 뺀 수치인 60km 미만으로 달려야 한다. 또한, 굽어있는 각도가 60도 라면 90도에서 60을 뺀 30km 미만으로 주행해야 한다는 것이다.

　굽어지는 도로의 각이 높아질수록 달리는 자동차의 속도는 낮아져야 한다. 그러나 운전자들은 꺾어져 있는 도로가 몇 도로 꺾어 있는지 잘 모른다.

다만 육안으로 봤을 때, 우측이든 좌측이든 전방의 보이는 거리가 짧으면 짧을수록 각도의 폭은 커진다. 보이는 전방의 거리가 짧을수록 속도를 감속하면서 주행해야 한다.

이것을 숙지하지 못하고 커브를 달리던 속도대로 돌면 차선을 벗어나 다른 물체와 충돌하거나 전복되는 사고까지도 일어날 수가 있다.

또한, 화물차들의 경우엔 물건을 높이 올리면 올릴수록 각도의 폭은 커져서 전복될 소지가 커지게 된다.

짐이 많을수록 높이가 높을수록 화물차는 속도를 낮추고, 인원이 많을수록 버스는 속도를 줄여서 커브 길을 돌아야 안전한 운행이 된다.

이것을 무시할 때 사고는 일어난다. 다른 차량, 다른 사람에게까지 피해를 주고 자신도 목숨을 잃게 되는 경우가 생긴다.

인생이란 ?
내가 살아가고 있는 것 (秋 山)

◇ 굽어진 커브 길의 운전 기술 ◇

[out,] 진입 전에 달리던 속도에서 30~40km 이상 꼭
　　　 감속한다
[in,] 정지 페달(브레이크)을 밟지 않고 달리던
　　　 원심력으로 돈다. (정지 페달을 밟는 순간 과적
　　　 차나 과고도 차는 전복될 수도 있다.)
[out] 진입이 끝나고 직선도로가 육안으로 보이면
　　　 가속페달을 밟는다.

46

굽어져 있는 길이 길게 나 있거나 좌, 우로 나눠 있을 때는 정지 페달과 가속페달을 적절히 사용하여 커브 길을 빠져나간다.

이 운전기술은 주행 시 교통사고의 직접적인 원인이 되므로 커브진입 50M 전에 꼭 감속하는 습관을 길러야 한다.

도로의 색깔

도로의 색깔은 맑은 날과 흐린 날, 비 오는 날과 눈 오는 날이 전부 다르다. 도로의 색깔을 분별하면서 도로 구간마다 속도를 조절하여 운전해야 할 것이다.

맑은 날의 아스팔트가 회색이었다면 비 오는 날엔 검은색으로 변한다. 또한, 비 오는 날 밤의 아스팔트는 가로등 불빛을 받으면 엷은 회색에서 반짝반짝 빛나는 짙은 검은색으로 변한다.

그런 빛이 나는 길을 비 오는 날에 운전한다면 커브를 돌 때의 심정으로 속도를 좀 더 낮춰 감속운행을 해야 할 것이다.

현재의 도로는 과거보다 빗물을 흡수하는 아스팔트가 많이 포장이 되고 있지만, 그것은 일부에 지나지 않기 때문에 운전자들은 비 오는 날의 도로 자체를 전부 위험하다고 생각하고 운행하는 것이 더 안전한 방법이라 하겠다.

장대비가 오는 경우 오토바이나 소형차는 대형차와 나란히 가지 말고 한 박자 늦춰서 주행해야 안전하다.

도로에서 가장 위험한 주행이 이슬비나 가랑비가 올 때이다. 이때는 노면에 묻어 있던 먼지가 비와 함께 섞여 있어서 차량이 주행하는 그 차체가 얼음 위를 가는 것보다 더 미끄러울 수 있다.

이럴 때는 평소보다 더 감속하여 행여 차량의 미끄러짐 때문에 일어날지 모르는 사고에 대비하여, 전방과 좌, 우측을 주시하면서 주행하는 습관을 지녀야 한다. 이와 비슷한 경우는, 가을에 낙엽이 쌓인 도로를 주행하는 것과 겨울철 녹지 않은 가차선으로 주행하였을 때다.

이런 날씨의 사고가 바로 3중 사중 추돌이 되는 것이다.

안개의 운전술

도로를 운행할 때에는 봄과 여름, 가을과 겨울이 모두 다르다는 것을 느낄 수가 있다.

겨울이 끝나는 무렵이나 가을이 끝나는 무렵의 강가, 바다, 습지, 논과 개울가 근처에 가면, 그 주위는 온통 안개에 뒤덮여 있는 것을 볼 수가 있다.

가시거리는 길게는 50m에서 짧게는 바로 앞도 안 보일 때가 있다.

바로 앞도 안 보이는 안개가 깔렸다면 속도 줄이는 것은 습관적으로 피부와 몸으로 느껴야 하며, 시야로 하여금 속도의 거부감을 느끼면서 주행해야 한다.

안개가 끼었다면 우선 비상 깜빡이(비상등)를 켜라.

그런 다음, 흰색 실 차선(점선의 흰 선은 위험하다.)이나 중앙선을 주시하면서 운행을 해라. 우측 차선보다는 좌측 차선(운전석)을 주시하면서 주행하라.

그것은 전방을 주시하는 시야의 간격이 우측보다는 좌측이 가깝기 때문이기도 하고, 추락의 위험에서도 벗어날 수가 있기 때문이다. 가다가 흰색 실 차선이 없어졌다면, 더는 진행하지 말고, 핸드 브레이크를 채우고 차에서 내려 전방을 둘러본 다음, 지형을 익히고 차를 움직여야 한다.

겨울철 함박눈이 내릴 때는, 차선보다는 앞차를 따라 가거나 2차로로 주행하는 것이 안전하다.

3차로이면 2차로로, 2차로이면 1차로의 운전이 안전하다.

가차선 쪽은 얼어있는 곳이 많아서 미끄러질 우려가 있고, 차선인 중앙선 근처는, 반대쪽 차량의 예기치 못한 돌발 침범도 있으므로 운전자는 눈이 올 때는 긴장을 하며 운전을 해야 한다.

쌍라이트(더블 전조등)를 켰다면 그것은 끄고 라이트(전조등)만 켜고, 미등(스몰 등)만 켰다면 전조등도 켜고, 안개등이 있다면 반드시 안개등을 켜고 가는 좋다.

미등에 안개등은 항상 켜 두는 것이 좋다.

미등은 앞서 달리는 차량에 뒤에서 따라가는 나의 위치를 알리는 데 도움이 되지 않으며 미등 보다는 안개등이나 전조등이 훨씬 잘 보인다. (미등은 앞 차량에게 뒤 차량의 존재가 안 보이므로 전혀 도움이 안 된다.)

일부 안개등은 상향 조정된 것이 있는데 짙은 안개나 많은 함박눈, 소낙비 같은 장대비가 쏟아지는 순간에는 상향된 빛은 30m만 넘으면 빛이 분해되어 버려 무용지물이 된다.

안개등은 아무리 멀리 비춰도 30m를 넘지 않는 것이 좋다. 보통 때는 자기는 좋을지 몰라도 상대방은 그 상향 빛 때문에 잠시나마 전방의 물체가 암흑으로 보여 사고의 원인이 될 수 있고, 사고 제공자가 되는 상황이 연출 될 수도 있다.

함박눈이 올 때나 장대비가 올 때는 쌍라이트나 상향된

안개등은 주행에 별다른 도움을 주지를 못한다.

일기예보에서 3㎝의 눈이 온다면 차량의 주행은 되도록 삼가는 것이 좋다.

눈이 많이 내려 도로가 미끄러울 때 출발은 기어 1단보다는 2단(오토는 'D')을 넣고 가속페달(액셀러레이터)을 지그시 밟아 서서히 출발해야 바퀴가 헛도는 것을 방지할 수 있다. 또한, 미끄러운 언덕의 접지 면을 높이기 위해 바퀴의 공기압을 평소보다 조금 더 빼고 다니는 것이 좋다.

고속에서는 시내주행보다 공기압을 조금 더 넣고 비포장 도로에서는 시내주행보다 공기압을 조금 더 빼고 다니는 것이 좋다.
안전운전을 바라면서도 타이어의 공기압을 넣다 뺏다 하는 운전자는 한 명도 없을 것이다.

사람들은 자신에게 필요한 것만 요구하고 실행한다. 그러나 사람들이 세상을 살아가면서 필요하지 않은 것은 단 한 가지도 없다. 지금은 필요없어도 배워두고 익혀두면 활용할 날이 언젠가는 꼭 올 것이다.
특히, 운전하면서 과속이나 끼어들기를 하다 사고를 낸 사람들은 그 장소만 가면 과속을 감속하고, 끼어들기를 자제하는 거와 같은 현상이지만, 발등의 떨어진 불이 문제가 아니라 그 전에 관리를 하는 것이 안전한 방법이라 하겠다.

인도를 점거한 상점의 가두 간판들

천재는 책에서 배우고

영웅은 자연에서 배운다.　（秋山）

5. 주차 법

주차시의 주차 법은 보통 네 가지가 있는데 일렬주차, 직각주차, 대각선주차, 원형주차, 등이 주로 쓰이며 계단주차, 엘리베이터 주차 등도 있다.

◇ 일렬주차 (종대주차) ◇

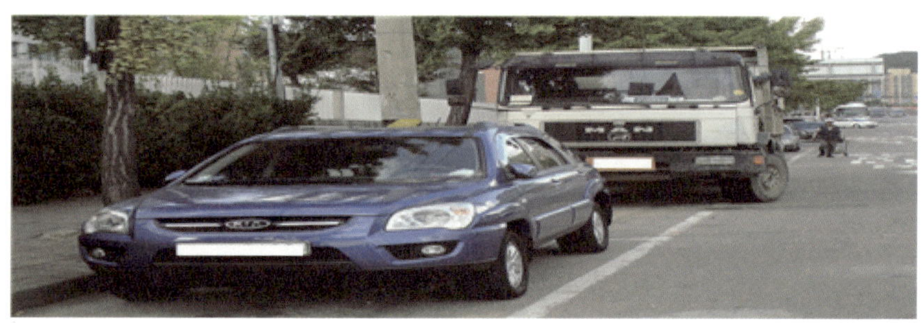

일직선 주차의 차량

초보자들은 될 수 있는 데로 우측 주차를 시도 할 것(좌측으로 주차 시 문을 열 수 없는 낭패도 있다.)
① 앞쪽부터 들어가는 주차는 모두 잘못된 주차법이다.
② 주차공간이 비어 있는 곳에 가서 차를 세워본다.
③ 주차공간이 自車 보다 50㎝ 정도는 더 길어야 한다.
④ 들어갈 주차 공간 앞에 차량이 있다면 폭을 30~50㎝ 정도 띄어서 그 차량과 나란히 선 다음 정지 한다.
⑤ 후진기어를 넣고 핸들을 오른쪽으로 9시 방향에서 한 바퀴 돌려

12시 방향까지 조작하며 차를 후진시킨다.

*이때 핸들을 풀거나 움직이면 안 된다.

⑥우측 후사 경(백미러)으로 자기 차 뒤 범퍼가 주차 뒤 범퍼를 지나 갈 즈음, 핸들을 조작해 오른쪽으로 한 바퀴 반 더 돌린 다음 들어간다.

⑦본인 차의 뒤 범퍼가 백미러로 뒤차 범퍼의 끝(주차선) 50㎝ 남기고 닿을 즈음 되면 차를 정지 시킨다.

⑧핸들을 왼쪽으로 한 바퀴 반 또는 두 바퀴 돌려 차가 일직선이 되게 핸들을 조작해서 정지한다. 핸들을 얼마나 빨리 돌리는가에 따라서 주차의 실력이 판가름 된다.

*초보자의 중요성은 차가 일직선이 되어야 한다는 것이다.

⑨양쪽 백미러를 보았을 때 양쪽주차선이 일정하거나 본인차량 앞 승용차의 뒤 드렁크가 보이지 않게 주차하면 주차 끝. 노련해 지면 시간방향의 핸들조작은 직감으로 자연스럽게 이루어진다.

◇ 직각주차(T자 횡대주차) ◇

T자, 또는 직각주차의 주차장

*초보자들은 될 수 있는 데로 왼쪽 주차를 시도 할 것.

1. 공간이 비어 있는 횡으로 주차된 왼쪽 차 앞범퍼와 폭을 30~50㎝ 정도를 띄고 정지한다.

2. 자차의 앞범퍼가 들어가고자 하는 공간의 왼쪽 옆 차량의 앞

범퍼를 지나 정지 후 핸들을 오른쪽으로 한 바퀴 정도 돌려 정지선 50㎝까지 가서 정지한다.

　　* 정지선까지 가서 정지하는 것이 포인트.

　3. 후진기어를 넣고 핸들을 왼쪽으로 한 바퀴 돌린 다음 천천히 후진한다. 좌, 우측 뒤를 보면서 후진하되, 우측보다는 좌측을 보면서 후진하는 것이 더 안전한 후진법이다. 뒤범퍼가 정지차 범퍼에 닿았다 싶으면 정지한다. 이때, 고개를 내밀고 하면 안 되며 반드시 양쪽 백미러를 보고 후진을 해야 실력이 늘어난다. 범퍼와 범퍼가 10㎝ 정도 떨어져 있으면 완벽한 후진이다.

　4. 정지 상태에서 핸들을 두 바퀴 왼쪽으로 더 돌린 후 우측을 보면서 후진 우측차량과 닿았다 싶으면 정지한다.

　5. 전진기어를 넣고 앞 차량이나 정지선이 있는 곳까지 일직선으로 핸들을 돌려가면서 정지한다.

　6, 후진기어를 넣고 양쪽차량 범퍼를 보면서 서서히 후진하되 선이 있는 경우 양쪽 선을 보면서 가고, 선이 없고 차량이면 양쪽차량의 백미러를 보면서 후진한다.

　*차가 왼쪽으로 간다면 핸들을 오른쪽으로 돌리면서 후진하고, 앞으로 갈 때는 핸들을 왼쪽으로 돌려가면서 일직선이 되게 하는 것이 포인트다. 초보자는 5, 6번을 2~3번 같은 방법으로 해야 차가 일직선이 될 것이다.

　7, 이때, 우측보다는 좌측으로 붙여서 후진하라.

　8, 후진으로 다 들어갔다 싶을 때, 좌측과 우측차량의 백미러와 나란히 있으면 정지한다. (이 공간을 백미러의 공간이라고 한다.)

　9, 차가 삐딱하게 주차되어있다면 차를 일직선으로 앞쪽 차나 선까지 가서 정지한 후, 핸들을 움직이지 않은 채 그대로 후방거울을 보면서 후진한다.

　초보자가 직각주차를 할 때 가장 어려운 포인트는 30~50㎝ 폭의 간격과 3번과 4번의 완벽한 소화이다.

　아파트 주차장의 주차와 지하주차장의 주차는 많은

차이가 있다. 어둠과 공간의 사각지대(기둥)가 많은 것이
차이이다.
　지하주차장의 주차 시에는 될 수 있으면 거리를 좁게
보고 차분하게 천천히 주차하되 전진과 후진을 한번 씩 더
한다고 생각하고 주차를 해야 한다.
　주차 완료 시 꼭 백미러를 접어서 주차 예의를 지킨다.
이상이 초보자의 지하주차장의 T자 실전주차방법의 하나다.
　운전할 때 운전자의 눈은 최소한 5개는 되어야 한다.
　프로는 운전할 때 눈이 6개이어야 한다. 후진을 어려워
말고, 시간을 두고 계속해서 실습하다 보면, 조금씩 숙달
되고 후방감각이 익숙해져서 운전하는데 안전한 주행으로
거듭날 것이다.
　남들이 하지 못하는 걸 하면 그것이 곧 운전기술이다.
하지만 알면서도 하지 않으면 그것이 운전사고이다. 또한,
모르면서 감행한다면 그 또한 운전사고이다.

아내는
집 밖을 나가는 순간부터
내 사람이 아니다.　　　[秋山]

 # 6, 전방 주시 법

　운전을 처음 시도하거나 오랜 경력을 가졌다 하더라도 전방을 보는 시각이 좁다면 교통사고가 날 확률은 매우 높다.

　그것은 교통법규를 지키는 것하고는 또 다른 차원의 운전이다. 시내에서, 교차로가 많은 곳에서 신호를 받고 달리다 적색으로 변하여 급정거하는 경우가 종종 있는데 그럴 때 급정거를 한 그 뒤차는 미처 서지를 못하고 앞차를 받아(추돌) 버리는 경우가 있다.

　또한, 대형차 뒤를 따라 달리다 보면 앞차 때문에 전방의 상황을 알 수 없게 된다. 이럴 때, 답답함을 참지 못하고 추월하다 사고가 나는 일도 있다.

　도로교통법규에는 나와 있지도 않고, 누군가가 얘기해 주지도 않는다면 그런 답답함은 계속해서 이어질 것이다.

　실전운전에서 필요로 하는 부분이 바로 그런 부분들이고 초보자가 알고 싶어 하는 것들이 아닌가 싶다.

　이 전방주시 법을 익히면 운전이 한결 부드러워지고 마음의 여유가 생기며, 사고를 예방하는 차원도 달라질 것이다. 알고 나면 아무것도 아니지만, 그것을 숙지하고 몸으로 자연스럽게 행동하기까지는 매우 오랜 시간이 걸린다.

　남이 모르는 것을 행하면 기술이고 알고도 못하면 습득이다. 처음부터 오른손으로 연필을 잡은 아이는 글 쓰는 데 불편함이 없지만, 왼손으로 글을 쓰던 아이가 오른손으로 글을 쓰려고 하면 처음 쓰는 아이보다 더 오랜 시간이 걸리는 것처럼 어설프게 배운 것은 못 배운 것만 못하다.

전방 주시법의 요령은 [오 · 이 · 사 전법]이라 칭한다.

주행 중에 전방을 50m, 200m, 400m를 번갈아 보면서 운전을 하는 것이다.

운전하면서 모든 운전자는 일정한 거리를 보면서 달린다. 그 거리는 운전자마다 제각기 다르지만, 평균적인 시각으로 50~80m 안팎으로 보면서 달린다.

전방 주시 법은 차량의 속도와 관계없이 가시거리 [육안으로 보는 전방의 직감적인 거리]를 50m에서 400m까지를 보면서 운전하는 습관을 익히는 것이다.

이 전방 주시 법[줄여서 "전방 법"이라 칭함]은 특히나 대형차(4t 이상 화물차, 버스)를 운전하는 기사들에게 꼭 필요한 필수 숙련법이다.

고속도로에서 같은 속도, 같은 거리를 달려도 위험이 발생하였을 때, 어떤 차량은 앞 차량을 받아 버리고, 어떤 차량은 앞 차량을 피해서 위기를 모면한다.

고속도로에서의 전방 법

　　뉴스에 나오는 3중이니 10중 충돌이니 하는 기삿거리는 이제 이 전방 법을 습득 한 사람에겐 더는 이야깃거리가 아닐 것이다.
　　사고가 날 수밖에 없다면 최소한으로 줄여라!
　　이것이 바로 전방 주시법의 진정한 핵심이다. 멀리 보는 사람이 생각할 시간이 많다. 시간이 많으면 대처하기도 쉽다.
　　운전하면서 시력으로 가장 가까운 거리가 50m이다.
　　운전하면서 가장 보편적인 거리가 100~200m이다.
　　운전하면서 가장 멀리 보는 가시거리는 육안으로 보는 전방의 거리가 400m이다. 물론 50m보다 더 가깝게 볼 수도 있고 400m보다 더 멀리도 볼 수 있을 것이다.

　　그러나 운전은 속도와 풍경에 의해서 빠르거나 느리게도 느낀다. 운전하다가 보면 도로의 포장상태와 차량의 증가, 날씨의 변화, 번화가의 사람과 차량의 뒤섞임, 한가한 도로의 굴곡, 예기치 못한 돌발 상황 등등, 그런 것들 속에서 운전자의 눈동자는 점점 벌겋게 충혈되어 간다.
　　운전은 저속으로 갈 때는 고개를 돌려가며, 멀리까지 보지만, 고속으로 달리면서 앞 차량만 보고 가는 자신을 보게 된다. 당신이 운전할 때, 100km 이상 달린다면 당신은 옆을 보면서 운전하는 여유로움이 있겠는가? 그러나 전방 법을 평소에 활용하던 운전자라면 운전하는 거리보다 더 먼 곳까지 보면서 운전을 할 것이다.

　　죽을 사람은 죽을 행동을 한다.
　　그러므로
　　죽을 수밖에 없다.　　　[秋山]

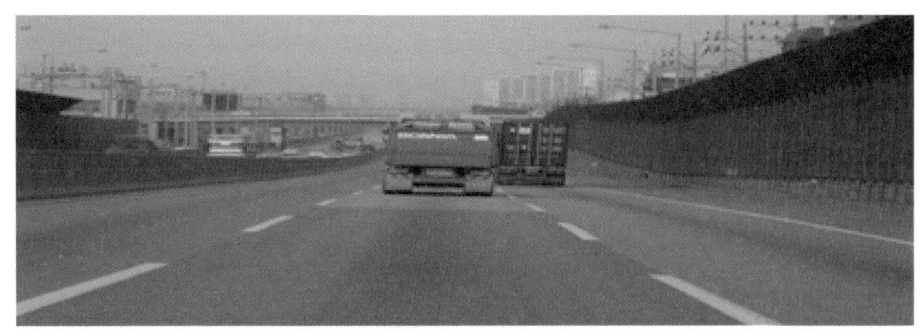

전방 법을 활용한 안전거리 운전법

그러므로 직각으로 옆을 보지는 못해도 속도에 의해서 다가오는 양옆의 풍경들은 주시할 수가 있다. 전방 주시 법은 끼어들기를 할 때도 응용을 할 수 있다.

끼어들기[차선변경]를 할 때, 80km 이상으로 주행하고 있다면, 400m에서 생각하고 시도해서 200m까지 들어가기를 하고 50m에는 그 차선으로 주행하고 있어야 한다. 시내 주행 시, 60km 이하로 주행하고 있다면, 200m에서 생각과 시도를 하고 50m에서는 이미 진입하여 주행하고 있어야 한다.

어떤 일을 할 때에도 숙련이 필요한데 운전을 처음 하는 초보자가 전방 주시 법을 시행하려고 한다면 매우 힘들다.

운전은 다른 어떤 일과 달라서 평생 사용하는 기술이다.

다른 일들은 조금 틀려도 고치면 되지만, 운전은 조금만 틀려도 최하 2주, 최고 사망이라는 결과를 가져온다.

작은 실수나 작은 방심도 결코 허용이 안 되는 것이 운전이다. 그런 운전을 쉽게 생각하고 쉽게 취급하는 한국의 면허제도는 다시금 생각해 볼 과제이다.

주위의 사람이 어느 날 갑자기 사망했다면 교통사고일 확률이 가장 높다. 그중에서도 가장 많은 사상자가 바로 버스이다.

그런데도 화물 자격증에 택시 자격증은 있어도 대중교통을 총괄하는 버스 자격증은 없다. 제일 먼저 만들어야 할 것인데도 말이다.

서울의 버스전용차로는 그런 의미에서 상당한 효율성을 가지고 있다. 그러나 완벽한 조건을 갖추고 실행했어야 한다는 것이 흠이라 하겠다.

역사는 있어도 글이 없는 민족은 남의 글을 쓸 수밖에 없다. 우리는 19살이 되면 그때부터 운전을 배워 1주일 만에 면허증을 취득한다. 그리고 차량을 끌고 도로에 나가서 위험부담을 감수하며, 현장실습운전을 체험하면서 배운다.

과거의 일본인이 조선인들을 빨리빨리 문화로 만들어 놓았지만, 일본인들은 자국에서의 운전문화가 한국과 확실한 차이를 보인다. 그렇다면 선진국은 어떨까?

태아에서부터 엄마에게 배우고 그림책으로 배우고 자동차와 도로교통 질서에 대한 모든 것과 예절과 질서를 유치원에서부터 배운다. 성인이 되어 운전한다는 자체가 그들에게는 이미 낯설지가 않은 것이다.

현재 한국의 운전면허제도는 미래의 면허제도로 바뀌어야 한다. 나이에서 만(滿)은 없애고 1월을 기준으로 나이를 구분해야 한다.

- 1종은 20세, 2종은 16세로 구분한다. (단, 2종 소형은 20세로 구분한다.)
- 원동기면허의 나이를 16세에서 13세로 낮춘다.
- 원동기면허의 o, x 문제는 객관식으로 만들어 원동기 운전자도 교통법규를 알게 해야 한다.
- 시내교통사고의 15%가 원동기 운전자의 난폭운전 때문이다. (바퀴가 달린 거라면 사륜 오토바이도 원동기

면허가 있어야 한다.)

- 경운기나 논, 밭을 일구는 트랙터는 원동기면허에 분리해서 실습만 하는 운전면허를 도입한다.

- 2종 면허에서 1종 면허를 취득하려 할 때 필기시험을 보도록 하여 도로교통에 대한 지식을 더욱 숙지시켜야 한다.

- 1종 보통에서 1종 대형면허를 취득하려 할 때에도 필기시험을 보도록 하여 대형면허의 경각심을 일깨워 줘야 한다. 특히 1종 대형시험은 주관식으로 30% 이상 출제하여야 한다.

- 특수면허(트레일러, 래커)를 취득 시 대형면허 운전자만 시험을 치르게 해야 한다.

- 2종 소형면허의 배기량을 250cc 이상에서 350cc로 바뀌어야 한다. *원동기면허, 보통면허로 250cc 운전자가 대다수다.

- 2종 소형면허를 취득할 때에도 필기시험을 보도록 해야 한다.
  *특별사면으로 면허를 재생될 때도 필기시험은 치러야 한다.

- 2종 소형면허를 보유하고 있는 자가 700cc 이상의 오토바이를 운행한다면 자동차고속도로를 제외한 자동차 전용도로인 외곽순환도로(88도로 포함)는 대기오염(차량 폭주)과 고유가적인 면에서도 운행을 허가해야 한다.
  * 자동차 전용도로는 고속도로를 제외하고는 자동차 전용도로라 할 수 없다.

- 원동기의 자동차 전용도로의 차단을 (외곽순환도로와 88 올림픽 도로의 주행) 지속해서 단속하고 벌금과 벌칙을 강화시켜 교통사고의 원천을 미리 방지하여야 한다.
  *면허의 종류도 5종류로 나뉘어 발급해야 한다. 5종은 원동기, 사륜 구동 원동기 4종은 2종 소(300cc이상 오토바이면허) 3종은 2종 보통, 1종 보통 통합(승용, 화물, 승합차) 2종은 1종 대형버스, 덤프, 레미콘, 견인차(래커) 1종은 트레일러, 풀카.
  *승합차는 17인 미만까지이고 버스는 20인 이상으로 한다.

견인하는 래커는 2종으로 분류하고 대형화물차와 화물칸을
연결해서 운전하는(풀카) 는 1종 면허로 구분해야 한다.

우리 자신에게 내리는 과제는 운전할 수 있게 사회를
조성해 놓고 운전하도록 해야지, 운전의 기초도 배우지
않은 초보자에게 운전하게 허용한 뒤, 그들에게 "이렇게
하지 마라, 그렇게 하면 안 된다."면서 사고를 막아보자는
것은 어리석은 일이 아닌가 싶다.
그나마 운전자 스스로 현장실습을 해서 교통사고를 미리
방지하는 기술을 익히는 것을 보면 우리 민족이 참으로
대단하다고 여겨진다.

7. 운전의 주행 법

1. 시동을 건 후 전조등을 켜고 비상등을 켠 다음 차량에서 내린다.
2. 차량을 한번 둘러본 후 자리에 앉아 안전 밸트를 매고 운전하기 좋게 자리를 고쳐 잡는다.
3. 후방거울(백미러)을 잘 보이게 조정한 다음 전조등과 비상등을 끄고 사이드 기어를 넣어 브레이크를 푼다.
4. 출발하기 전, 좌측 지시등을 켜고 좌, 우측을 한 번 둘러보고 난 다음 서서히 출발한다.
5. 골목길이나 우회전을 할 시 반듯이 일시 정지 좌측을 둘러본 다음 서서히 출발하되 진입 중에 차량이 오는 것이 보이면 빨리 차선에 진입한다.
6. 끼어들기(차선변경)를 할 때는 옆에 흰 차선이 완전히 거울(백미러)에 보일 때 끼어들기를 시도한다.
7. 끼어들기를 한 후에는 반듯이 비상깜빡이를 켜준다.
8. 코너를 돌 때는 돌아가는 반대쪽으로 붙여서 돌아간다.
9. 교차로를 통과할 때는 반듯이 가속 페달(액셀러레이터)에서 발을 떼어 정지 페달(브레이크)에 발을 올려놓고 두어번 밟으면서 건너간다.
10. 우회전할 때는 직진 차량이나 신호 받고 좌회전하는 차량을 먼저 보내준 다음 우회전을 시도 하되 횡단보도의 행인을 잘 살피고 우회전을 한다.

11. 정체가 심한 도시의 교차로에서는 신호를 따라 건너가려고
    하기보다는 다음 신호에 제일 먼저 건너가려는 마음으로
    여유로움을 가진다.

12. 도시의 시내 주행은 항상 1차로로 주행하되 우측 차량
    보다는 주행 법을 활용해 빨리 달려 준다.

13. 도시를 벗어난 외곽도로나 고속도로 주행은 항상 우측
    차로를 사용하되 앞 차량이 느릴 때 좌측으로 추월을
    한 후에는 반드시 우측으로 빨리 들어와 주행한다.

14. 좌회전 차로에 회전이 같이 있으면 회전할 것이라면 좌회
    전 지시등보다는 비상등을 켜주고 회전을 시도한다.

15. 주행 중 신호등이 있는 곳을 지날 때 전방 법을 활용하여
    앞 신호만 보지 말고 그 신호 앞의 신호까지 보는 안목
    으로 운전을 한다.

16. 운전에 자신이 있다면 좌측이나 우측에서 끼어들기를 하
    려고 하는 차량이 있으면 옆 차로로 한 차선 옮겨가서
    주행을 한다.

17. 과속으로 주행 시 멀리서 물체가 보이면 정지 페달을 밟아
    물체를 완전히 확인한 다음 가속페달을 밟고 주행을 한다.

18. 비나 눈이 오는 날에는 시내에나 외곽도로를 달릴 때도
    가차선이나 1차로는 피해서 주행을 한다.

19. 비가 오는 날에는 도로가 검은 곳 보다는 회색을 띤 곳
    으로 주행을 하고 미등보다는 전조등을 켜고 주행을한다.

20. 앞에 가는 차량에 이상이 있을 시는 쌍 라이트를 두어
    번 켜서 우측에 정차하게 한다.

21. 뒤차가 쌍라이트를 켜대며 수하를 하면 우측 가차로로
    정차했다 차량을 살펴본 후 출발한다.

22. 우측으로 들어가려면 전방 법을 활용해 고속일 때 400m

부터 저속일(시내) 때 200m부터 차선변경을 시도하여 들어
　간다.

23. 길을 들고 나갈 때 항상 안쪽으로 돌고 있는 차량이 우
　　선권이 있으나 대형차가 돌 때는 틈이 보여도 그 틈으로
　　끼어들어 사고를 당하는 일이 없어야 한다.

24. 도로변에 주, 정차 시에는 인도 쪽으로 주차하고 미러는
　　접어서 주행하는 차량에 피해를 줄여준다.

25. 주, 정차 때에는 앞유리에 전화번호를 기재해 놓는다.

27. 운행을 끝내고 다른 차량의 출발에 문제가 없게 주차한다.

28. 시동을 끄고 내릴 때 전조등을 한번 켰다가 끈다.

29. 내리막과 오르막에 차를 주차했다면 핸들을 인도(오른)
　　쪽으로 돌려놓고 내린다.

30. 비탈길에 차를 주차했다면 오르막은 1단 내리막은 후진
　　기어를 넣고 오토매틱인 경우는 ˝P(파킹)에 넣고 내린다.

오른손과 왼손의 자연생존 철학

　오른손 또는 바른 손 = 왼손 또는 내린 손, 오른손이 올라가면
왼손은 내려간다. 인간이 사는 세상도 손의 팔 운동과 같다,
　내가 올라가면 다른 한 사람은 내려가야 한다. 그것이 이
세상을 살아가면서 이해해야 할 부분들이다.
　"같이 잘 살아보자"는 말은 이해하기 어려운 말이고," 어울려
살아보자"고 하는 말이 이해할 수 있는 말이다.

　세상이 어려운 것이 아니고
　나 자신이 어려운 것이다. (秋　山)

주행 위법

주행 중에 타인에게 방해를 가하는 행동으로 교통사고를 직접적이거나 간접적인 요소를 만들어 빌미를 제공하는 행위.

- 끼어들기
  - 정지 시 공간이 없는 상태에서 차선변경.
  - 주행 중 같이 달리는 옆 차량의 앞으로 차선변경.
  - 교차하는 차선에서 일명 직각차선변경이라 부름, (골목 및 우회전 시) 신호에 의한 직진 차량 막고 먼저 주행.
  - 급차선변경 (고속주행 중 예고 없이 차선변경)

- 시야 가리기
  - 2차로 (흰색 선을 중앙으로) 거쳐서 주행
  - 대형차를 추월해서 주행 중 앞에 대형차가 주행(샌드위치 주행) 때는 그곳에서 나와야 한다.
  - 승용차에 차보다 큰 적재 물건 얹어 주행.
  - 차량 밖까지 나오는 물건 싣고 운행.
  - 해 몰이 (해가 저문) 뒤에도 전조등 및 미등 끄고 운행.

- 성질 돋우기
  - 차선변경 시 과속하여 못 들어오게 막고서 나중에 자기가 그 차로로 들어가는 차량.
  - 고속차로에서 DMB를 시청하면서 운행하기.
  - 휴대전화 통화중에 속도 늦춰 남의 진행속도를 늦추기.
  - 화난다고 추월하여 진로 방해 후 도망가는 행위.
  - 주행하다 2차로 막고 옆 차와 대화하는 차량.
  - 직진차가 전용 좌회전 차로에서 좌회전 차량 전부 막아

놓고 자신만 직진하는 경우.
- 실수를 한 주행 차량 앞에 끼어들어 급정지했다 가는
  행위.
- 딴짓 하다가 신호 바뀌면 자신만 넘어가는 행위.
- 건설 기계장비(지게차,) 굴착기(포클레인), 기중기(크레인)의 출,
  퇴근 시간대에 자동차 도로운행.

꿈이란?
희망을 향해 반걸음, 한 걸음 다가가는 것.

꿈은 내가 처한 상황보다 너무 크거나 조급해서는 절대 이루어 질 수가 없다. 1억이 목표라면 처음부터 1억을 모으기란 불가능하다. 처음에는 1백만 원을 목표로 삼고 그 다음은 1천만 원을 모으고 1억을 계단식으로 모아야지 꿈이 현실로 이루어 지는 것이다.

꿈을 이루는 것에 시간을 포함시키면 안 된다. 죽는 순간에 이루어져도 꿈은 이루어진 것이다.

가난한 자의 꿈

내가 머물다 가는 날이면
오늘은 항상 이곳에 없다

숨을 가쁘게 몰아쉬고
뒤돌아보면 오늘은
오늘의 끝이 아니다

푹 꺼진 배를 움켜쥐고
달려와 보면 오늘은
또 오늘이 아니다

편안한 마음으로
즐거워 노래 부르면
그곳은 언제나 꿈속의 미래다

끊이지 않은 차량처럼
열심히 뛰어 다녀도
오늘은 오늘의 끝이 아니다
그렇게 가난한 자의 오늘은
영원히 오늘이 아닐 수도
내가 머물다 가는 날에는   [秋山]

8. 운전의 수칙

운전의 수칙에는 3가지가 있다.
절대 수칙, 안전수칙, 의무수칙이 있다.

1. 절대 수칙
   좌차 속(速) 우차 완(緩)
   왼쪽차선의 차량은 오른쪽차선의 차량보다 빠르게
   달려야 한다.
2. 안전수칙
   (1) 간격
   (2) 차선
   (3) 양보
3. 의무수칙
   (1) 주, 정차금지 (야간주차포함)

지하철역 입구의 불법주차

버스정류장의 정차 중인 승용차

정차금지구역의 장기 정차한 택시들

버스정류장을 막고 정차 중인 주차택시들

(2) 끼어들기

위험한 급차선 끼어들기

버스전용차선으로 들어가기 위한 끼어들기

(3) 음주운전

(4) 운전 중 딴 짓하기 (우회전 차량 및 골목길 출입차량)

절대 수칙과 안전수칙은 지키지 않는다고 크게 범칙금이나 과태료를 주지는 않지만, 의무수칙에는 과태료부과나 범칙금이 주어진다.

하지만 실제 운전에서는 절대 수칙과 안전수칙만 습관화시키면 사고의 99%는 막을 수가 있다.

절대 수칙은 안전수칙의 차선에 속하기도 하지만 차선하고는 다른 또 하나의 수칙이다.

절대 수칙은 편도 2차선일 때부터 적용되는 것이 아니고 편도 1차선일 때도 적용이 되고 편도 10차선일 때도 적용이 되는 것이다.

운전하면서 지켜야 할 수칙이 있다.

절대 수칙

안전수칙

의무수칙

이것은 필자가 만들어 낸 수칙에 불과할 뿐이지만 모든 도로운전 예방에 필요한 것이기에 만들어 보았다.

왼쪽차선의 차량은 오른쪽 차선의 차량보다 무조건 빨라야 한다. 이것을 절대 수칙이라고 하며 반듯이 습관화시켜야 할 운전습관이다.

줄여서 [좌측차량은 우측차량보다 빨라야 한다.]라는 것이다. 즉! 우측차량의 운전자는 좌측차량에 무조건 우선권을 주어야 한다. 또한, 좌측차량은 우측차량보다 빠르게 주행해야 하고, 우측으로 끼어들 때는 우측차량 앞으로 끼어들어야 한다. 단! 끼어들 때는 우측차량이 (백미러 쪽을 봤을 때) 자기와 같이 주행하고 있다면 주행하는 우측차량 뒤로 끼어들어 주행해야 한다.

우측차량이 나보다 같거나 빠르면 얼른 우측으로 들어가 주어야 한다. 그리고 습관화시켜서 자연적인 운행으로 이어져야 한다. 이것이 절대 수칙의 기본이며 주행법이다.

절대 수칙, 그것은 차선이 있으면 어느 곳이나 왼쪽으로 가는 차량이 오른쪽으로 가는 차량보다 최소한 10km 이상 빠르게 주행해야 한다는 것이다.

다른 차량보다 빠르면 왼쪽 차로로 주행하고,
다른 차량보다 느리면 우측차로로 주행하면 된다.

소형차든 화물차든 대형차든 차량에 관계를 두지 말아야 한다. 그렇게 해야 현재처럼 우측으로 차선을 바꿔서 추월하거나 차로를 2개나 3개를 거쳐서 난폭하게 추월 운전을 하는 경우가 없어질 것이다.

절대 수칙이 잘 지켜지기만 한다면 과속으로 말미암은 사고나 난폭운전때문에 사고도 많이 감소가 될 것이라 여겨진다.

절대 수칙! 이 수칙을 잘 지키는 것 하나만으로도 당신은 양보를 배우게 되고 남에게 배려하는 마음이 생겨나서 차분하고 여유로운 운전으로 거듭나게 될 것이다.

이 절대 수칙이 잘 적용만 된다면 안전수칙은 별도의 수칙으로 취급될 것이다.

안전수칙

안전수칙에는 간격, 차선, 양보가 있는데 이것이 시내 도로와 시외(외곽)도로에서 서로 다르다.

시내에서나 도심처럼 차량과 인파가 서로 섞여서 이동하는 곳에서는 (간격, 차선, 양보) 순으로 이어지지만, 도시를 벗어난 외곽도로나 고속도로에서는 양보, 차선, 간격 순으로 역으로 바뀐다는 것이다.

왜? 그렇게 역으로 해야만 하는가?

처음 운전을 배운 사람이 면허증을 따서(면허취득을 운전자들은 이렇게 부른다.) 시내에서 가는 것도 기적처럼 생각한다.

초보운전으로 한 바퀴 돌고 나면 어떻게 다녔는지도 모를 정도로 등줄기에 땀이 흥건하다. 그런 초보자들이 간격을 맞추고 차선도 변경할까 말까 한데 양보를 할 수 있겠는가?

양보란 나의 운전 실력이 타인의 운전에 방해를 주지 않을 정도가 되어야 실천하는 것이다. 지구에 생존하는 모든 것들은 삼위일체로 이루어져 있다.

[지구, 태양, 달], [나, 너, 우리], [부모, 부부, 자식] 차를 운전한다면 도로와 나와 상대차가 삼위일체가 된다.

안전운행과 교통사고는 분명 삼위일체에서 하나의 잘못 때문에 일어나는 돌발적인 행동이다.

운전하면서 마음가짐은 산사에서 마음을 비우는 자세로 나를 낮추고, 상대를 동등한 입장에 놓인 상태로 보면서 운전을 해야 안전한 도로운행이 될 것이다. 배려(양보)가 하기 싫어질 때 순간적으로 사고는 일어난다.

'간격!' 시내에서는 먼저 간격이 이루어져야 한다. 교통사고의 다발성은 안전거리 미확보가 가장 많다. 그것은 시내운전 중 막힘으로 인하여 운전자의 마음에 여유가 없어지기 때문이다.

신호등 때문에 운전자의 마음을 급하게 만들면 사고와 바로 연결된다.

신호등 때문에 사고가 날 확률이 높은 경우는 이쪽 사거리 신호는 녹색불인데 다음 사거리 신호는 적색으로 바뀔 때다. 안전거리 미확보는 전방주시 태만으로 이어지고 전방주시 태만은 주의 산만으로 이어진다.

멀쩡히 가다가도 앞서 가던 옆 차량이 자기가 가는 차선으로 들어오겠다고 깜빡이를 켜면 정지 페달을 밟는 것이 아니라 가속페달을 밟아 못 들어오게 하는 6살짜리 아동 같은 운전자, 그런 운전자가 교통사고 원인의 제공자가 되는 것이다.

즉! 차선변경을 하겠다는 운전자가 나쁜 것이 아니라, 차선변경을 할 수밖에 없는 차량에 차선변경을 할 수 없게 만드는 운전자가 더 나쁜 것이다. 모두가 바쁘지만, 더 바쁘게 보이는

차량에 간격을 벌려 추월하게 해주는 너그러움과 다음 신호를
기다리지 않고 이번 신호에 넘어가게끔 간격을 좁혀주는 자상
함이야말로 운전자의 미덕이 되는 습관이다.

일반도로를 달리다 보면 쭉 뻗은 길에서는 규정 속도를
넘어서 주행을 하는 경우가 있는데, 그렇게 속도위반을
하더라도 곧게 뻗은 길에서의 위험함은 극소수로, 교통사고는
다른 길에 비하여 잘 일어나지를 않는다.

그러나 과속으로 달리다 급차선변경을 한다고 했을 때 비로소
교통사고가 날 위험성이 크게 존재한다는 것이다.

또한, 쭉 뻗은 길을 과속으로 달리다 꺾(커브)인 길이 보이는
데도 속도를 줄이지 않은 상태에서 꺾인 길을 들어 설 때,
교통사고는 반드시 일어난다는 것이다.

그런데 왜?

꺾인 길이 보이는 데도 속도를 줄이지 않고 그대로 주행을
하는 것일까? 그것은 자동차를 운전하는 모든 이들이 동감하는
이 시대의 가장 큰 문제로 '잘못된 자신감' 때문이다.

커브 길에서의 주행

그것은 이 정도쯤은 괜찮겠지 하는 요행을 바라는 마음이고,

다른 하나는 '다른 이들도 돌아갔는데 나라고 못 가겠는가?'
하는 열등의식 속에 지기 싫어하는 또 다른 비굴함이 들어있기
때문이다.

　문제는 사고를 내는 운전자들이 아니고 도로공사의 도로
공학을 전공하는 박사들이 문제라는 것이고, 그 도로를
관장하는 정부도 책임을 회피한다는 것이다. 사람은 인간이기에
앞서 동물로 분류된다.

　그렇기에 자신(육체)이 빨리 달리지 못하고 기계에 의존하여
달리다 보면 자신의 육체로 따라잡을 수 없는 빠름이라는 것의
영향에서 벗어나지를 못한다.

　모든 운전자가 그렇지는 않지만, 가끔가다 한, 두 명이 그 런
증상을 보인다. 또 다른 사람에게 피해를 주는 결과를 가져오는
데서 문제가 생겨난다.

　그것이 도미노 현상이 되어 연속충돌사고로 이어진다는 것
에 큰 문제가 발생한다는 것이다. 박사들이 굴곡 된 도로를
만들 때, 인간이 운전하면서 미치는 심리학적인 면도 고려해서
도로를 만들어야 하는데, 운전하면서 미치는 심리학적인
면까지도 전적으로 운전자에게 맡긴다는 것이 문제이다.

　그런 잘못된 요소들은 굴곡 된 도로에만 있는 것이 아니라
신호등에서도 있고, 주택가에도 있고, 운전하는 상황이 전개
된다면 모든 요소에 심리적인 면을 고려해서 도로를 만들어야
교통사고에서 한발 물러날 것이다. 사고가 날 수밖에 없다면
최소한으로 줄여라! 이것은 프로운전자가 할 말이 아니고
도로공사나 정부가 시행해야 하는 말이다.

　사고가 날 요소가 있는 곳에서는?

　커브 길이나 횡단보도 같은 곳에서 과속을 줄이는 방법은?
50m 전이나 30m 전에 또 다른 사고가 일어나지 않는 방향에서

완만한 요철(폭 100㎝, 높이 5㎝ 이하)을 만들어 놓고 요철 앞 50m 전에 바닥에 횡단 야광표시를 해놓는 것이다.

즉! 요철에다 표시하는 것이 아니라 전방에다 표시해 놓아야 좀 더 안전한 운전 주의 표시제가 된다는 것이다. 물론 도시 안에서는 그대로 횡단보도에다 울퉁불퉁하게 만들어 놓고 그 50m 앞에 다이아몬드 표시 대신 요철을 만들면 된다.

어떤 도로를 달리다 보면 커브 길 뒤에 횡단보도가 설치되어 있고 신호등도 커브를 돌아야 보이도록 설치된 것을 볼 수가 있다. 도로공사 측이나 관할관청에서는 그런 곳까지 세세한 관찰을 하여 신호등도 커브 후에 횡단보도 앞에다만 설치하지 말고, 커브 진입 전에도 설치하여 교통사고가 일어날 요소를 미리 차단해서 안전한 주행을 이끌어 가는 국민의 국민을 위한 관공서가 되어야 한다.

차량이 뜸한 길이나 한가한 농촌에서의 삼거리 같은 곳에서의 신호는 점멸등이나 직진을 우선으로 하되 좌회전이나 우회전을 배려하는 차원과 과속을 예방하는 차원에서 직진신호는 30초를 넘기지 않게 하고 좌, 우회전은 최소한 20초 내외로 해야 한다.

운전이란 뒤에 가는 차량이 앞에 가는 차량을 보호한다고 생각하지만, 사실은 잘못 알고 있는 것이다.

운전이란 앞에 가는 차량이 뒤에 오는 차량을 보호해야 한다.

그것이 참 운전이다.

그래서 운전에서 조향장치는 차량의 말이나 행동을 대신하는 역할이다. 물이 위에서 밑으로 흐르고 부모가 자식을 키우듯이 모든 것이 앞에서 뒤로 이어지는 이치처럼, 자동차의 흐름도 뒤에 오는 차량이 앞서 가는 차량때문에 앞의 상황을 알 수 없기에 조향장치로 뒤차에 말을 전달해주는 것이다. "조심해라! 서행해라! 나를 따라 피해서 와라!" 등등 또한, 브레이크(제동)등과 스몰(미등), 비상등(비상 깜빡이)도 도로사정과 앞의 상황을 사람의 말이나 행동을 대신해서 뒤 차량에 알려주는 아주 중요한 역할을 한다.

일부 차량은 이런 조향장치의 중요성을 모르고 깜빡이(지시등) 전구 하나가 불량인데도 (비상등을 켰을 때 한 방향만 지시한다.) 그냥 운행하는가 하면 미등과 차폭 등(야간 후미등)과 제동 등이 전부 불량(한 개도 안 들어옴)이어서 야간에 뒤를 따라가던 차량이 위험에 노출되는 예도 있다.

그 모든 것들은 간격의 중요성을 일깨워주는 실전운전 일부분으로 운전하는 즐거움과 교통사고를 미리 막는 기초지식이자 습관이다.

뒤에서 앞 차량을 받아 버리는 사고가 생겼다면 뒤 차량이 잘못이라고 모두 생각하지만, 앞 차량이 뒤따르는 차량을 위해 배려했다면 그 사고는 막을 수 있었을지도 모른다.

물론 졸음운전을 했거나 앞차보다 과속했다면, 운전 중에 딴짓을 하다가 뒤 차가 앞차를 받았다면 그것은 이 문제와는 별개이다.

운전을 못 하는 사람이 운전하면 우리는 차를 끌다(끈다) 라고 말하고, 운전할 줄 아는 사람이 운전하면 우리는 차를 굴리다(몬다.) 라고 말한다.

현재의 도로를 운행하는 운전자 중에 반은 차를 끌고 다니고 반은 차를 몰고 다닌다. 그래서 운전하다 사고가 나면 그 운전자의 경력을 보고 '끌었구나?', '몰았구나?' 하는 것이다.

그중에 차를 끌고 다니면서도 자기는 차를 몰고 다닌다는 착각하는 운전자도 더러는 있는 줄로 안다. 운전이란? 아무리 오래 하고 경력이 풍부해도 아차 하는 0, 1초도 안 되는 한

78

순간에 남은 인생이 바뀐다. 오랜 운전경험과 운전 실력하고는
차이가 있다.

운전은 자신도 즐거워야 하지만 남이 먼저 즐거워야 내가
더욱 편해지는 것이다.

차선(차로)! 시내에서의 차로는 보통 3차로나 4차로로
되어있다. 여기서는 4차로로 하고 글을 이어가 본다. 4차로는
해마다 뽑아내 할당을 줘야 하는 개인택시들 때문에 지금도 빈
택시들로 도로가 정체현상을 일으키는데 특히, 그 빈 택시들은
주차 비슷하게 정차하면서, 대부분 지하철 역전근처나, 백화점,
대형할인점의 차로(특히 횡단보도를 물고 정차한 택시) 일부를
차지하고 손님이 탈 때까지 도로정체에 한 몫을 훌륭히 담당
한다.
차량 대부분은 스티커(일명 딱지)를 붙이고 차량을 출발
하라고 유도요원들이 재촉하지만 택시만은 운전자가 타고 있고,
생계수단을 이유로 제외된다.

도시 터미널의 오후

택시의 정차 때문에 버스가 정류장에 들어서다 3차로에서 승객을 승, 하차시키면 2, 3차로로 가던 차량은 좌측으로 차선을 바꿔가며 일대가 아수라장이 된다.

신호가 바뀌어도 택시들의 정차 때문에 주행을 할 수가 없는 백화점, 교차로 근처나 역전 및 대형할인점의 교차로 부근은 한가한 시간이면 정체가 한층 더 가중된다. 과연 그 정체의 주범인은 버스인가? 급 차선 변경 차량인가?

도로를 달리는 모든 차량은 생계를 위해서 다니는 것이다. 어떻게 보면 택시들보다 더 어려운 사람들도 많을 것이다.

도로가 정체되는 것은 차선이 모자라서가 아니라 도로 위를 달리는 운전자의 잘못된 습관 때문이다.

물론 빈 택시들이 많이 늘어난 것도 문제일 것이다. 택시가 많아진 것과 도로가 혼잡한 것은 또 다른 것이 있다.

★ 전국의 모든 1차로는 버스 전용차로로 만든다.

정류장의 턱은 낮게 하되 빗물이 고이지 않도록 안쪽을 높게 포장한다. 버스 전용차로와 화물차로의 폭은 3m로 만든다.

★승용차의 전용 차선제를 세계 최초로 시도하여 승용차가 다니는 차로를 2.0~ 2.5m로 만든다.

그래서 대형버스나 대형화물차들이 승용차 차로로는 장시간 달리지 못하게 만들어 교통사고를 미리 방지하고 승용차들만의 안전한 도로 주행여건을 만들어 주어야 한다. 또한, 대형차와 승용차(소형차)가 나란히 정차되어 있어도 후사경(백미러)이 닿지 않아서 안전한 도로주행이 된다.

버스와 화물차를 승용차와 분리해서 승용차의 안전한 도로 주행 주권을 만들어 주는 것이다.

버스나 대형차의 폭은 타이어 폭과 폭이 아니고 백미러와 백미러가 되어야 한다.

도로교통법규에서는 바퀴가 차선에 닿으면 차선위반(끼어들기)에 해당되는 것이 아니라 백미러만 차선을 넘어도 끼어들기에 해당하는 것이다.

지금의 차선에서 대형버스가 1, 2, 3차로에 나란히 정지했을 때 가운데 버스는 그 차로에 들어갈 수가 없을 것이다. 또한, 대형버스 2대가 나란히 가는 곳에 승용차는 자기 차로를 찾지 못하고 버스가 지나가거나 승용차가 먼저 앞서 달려야 안전한 운행이 되는 것이 지금의 차선이다.

화물차의 차로는 4m로 만들어서 건설기계 차량(지게차, 굴착기), 폭이 3m가 넘는 불도저를 싣고 가는 트레일러라도 넉넉하게 차선을 밟지 않고 갈 수 있게 그 차로로만 운행하고 승용차 차로로는 운행할 수 없게 차로를 변형해야 한다.

승용차들은 1차선 이하 어느 차선으로든 달릴 수는 있지만, 버스전용차선에는 중간마다 감시 카메라가 설치되어 있고 화물차 차선으로는 승용차는 아마 들어가고 싶은 마음이 들지 않을 것이다.

2차로밖에 없는 곳이라면 1, 2차로 모두 3m로 만들어야 한다. 또한, 1차로에 좌회전이 생겼다면 차로를 3m로 만들어야 한다. 직진도로가 3차로로 되어 있다면 1차로와 3차로는 3m로 만들고 2차로만 2.0~2.5m로 만들어야 한다. 그래야 승용차보호도로가 되는 것이다.

사람들보고 인간성을 고려해 '이렇게 하시오. 저렇게 하시오' 하는 것보다는 법규도 어떤 것은 자연에 의해서 강제성을 부여할 수밖에 없다.

특히나 운전으로 하여금 사람을 해하는 것은 한순간의 '인간이 가진 짐승 본연의 내면에 자리 잡고 있는 본능'에 의해서 저질러지는 실수라는 것을 우리는 감수해야 한다는 것이다. 그런 실수를 재차 안 하려면 법규를 정해서 그 본연의 짐승 본능을 영원히 일어나지 못하게 미리 규제하는 것이다.

본질이 이루어지지 않으면 교통사고는 영원히 없어질 수가 없다. 시내에서는 승용차는 될 수 있는 한 1, 2차로로 주행하고 화물차는 소형이나 대형이든 1, 2차로 주행을 자제해야 안전한 운행이 될 것이다.

시내에서의 차선변경

버스 중앙차로가 아닌 시내 도로에서 3차선 이상인 곳에서는 3차선이나 4차선은 파란색으로 표시해서 버스전용차선으로 활용해야 한다. 다른 방안은 버스정거장의 전방 100m와 후방 50m에는 파란색으로 표시해서 버스정거장이라는 것을 인식시켜야 한다.

시내에서 승합차나 1톤 화물차의 운전자는 자신이 운행하는 차량이 1차로나 2차로로 주행할 수 없는 것도 모르는 운전자가 대다수 있다는 것이다.

차선변경 때문에 1차로나, 2차로 주행은 허용할 수 있으나 장시간 주행은 차선위반에 해당하므로 해당 차량의 운전자는 운행에 참고해야 한다.

양보! 비보호는 양보의 대표적인 신호체제이다.

비보호는 녹색신호인 주행신호에 반대 차량이 없을 때 회전이나 좌회전하는 곳으로 적색신호에 좌회전이나 회전을 하면 사고의 위험이 커진다. 적색 불에 좌회전하다 직진 차에 받혔다면 직진 차는 안전운전 불이행으로 법이 개정된 것도 현시대의 요점이라 하겠다.

삼거리나 사거리의 교차로 진입상태에서 접촉사고가 났다면 쌍방과실이 현저하므로 정체현상을 막는 것이 먼저이다. 자, 잘못을 따지는 것은 차량을 인도 쪽으로 옮긴 후에 경찰이나 보험사가 운전자를 되신 할 것이다.

이때, 중요한 것은 사고 장소를 휴대전화기 카메라로 사고 난 자동차 부위와 두 차가 접촉된(사고 난) 장소를 다 각도로 여러 장 찍어놓아야 하며 중요한 것은 차가 밀려도 사고 난 장소를 표시해 놓고 나서 차를 빼도록 해야 한다는 것이다.

교차로에서의 회전반경 차량들

교차로를 돌고 있다면 안쪽으로 돌고 있는 차량에 우선권이 있어서 바깥차선으로 돌고 있는 차량은 안전(양보)하게 안쪽 차량을 주시하면서 회전할 필요성이 있다.

골목에서 나오는 차량은 직진 차량을 방해할 수가 없으므로 좁은 데서 넓은 곳으로 나오는 차량이 직진 차에 의하여 자차가 파손을 당해도 가해자가 되므로 안전(양보)한 진입을 해야 한다.

자동차 도로교통법규는 우회전차량이 직진 차량의 저지로 사고가 났다 해도 우회전차량에 100% 책임을 적용해야 미래에는 안전운행이 자리 잡게 될 것이다.

회전하는 곳에 대형차가 1차로에서 회전을 한다면 회전하면서 2차로까지 차선을 넘었다가 1차로로 들어가는 최소회전반경이 크므로 승용 차량은 그것을 고려하여 안전하게 회전을 해야 한다.

좌회전과 직진신호가 동시 신호일 때 좌회전 전용차로가 그려져 있는데 오히려 정체현상에 한몫하는 격이다.

그런 곳은 좌회전과 직진을 같이 그려 넣어야 한다.

차로를 따라 주행하는데 옆 차선의 차량이 끼어들어서 끼어드는 차량의 옆을 받았어도 자차가 피해자가 되지만, 끼어들고 난 차량의 뒤쪽을 받았다면 안전거리 미확보로 가해 차량이 된다고 교통법규는 말한다.

그러나 끼어들었다는 증거만 확보되면 도로교통법규는 끼어든 차량에 100% 과실을 부과시켜야 한다.

한국의 교통법규는 끼어드는 차량에 100% 과실을 정해야지만 양보때문에 교통사고가 50% 이하로 줄어들 것이다. 현재는 끼어든 차량보단 안전거리를 우선으로 법은 정하고 있다.

시내에서 승용차가 3, 4차로로 가는 것은 버스나 대형차의
진로를 막는 것으로 진로방해가 된다.

택시나 버스가 승객을 내리는 도중에 오토바이나 자전거가
지나다가 승객이나 문짝으로 양쪽이 상해를 당했다면, 인도와의
거리가 50㎝가 넘었을 경우, 그 책임은 모두 운전자의 과실로
한다.
버스 정차는 정류장 안전선 50㎝ 이내일 경우, 교통법규는
오토바이와 자전거의 과실을 100% 적용해야 한다. 자전거도
도로교통법규에선 차로 분류가 되기 때문이다.

정류장에 정차한 버스들의 모양들 상, 하

그러나 교통법규에선 버스나 택시를 서비스 업종으로 분류, 운전자의 안전운전 불이행으로 운전자에게 더 많은 과실을 아직은 부여하고 있다. 60~70년대만 하더라도 탈것은 적고 사람은 많았다.

절약을 강요하지 않아도 스스로 절약을 할 수밖에 없는 시절이었다. 한국의 사치성은 90년대가 들어서면서 절정에 들어섰다. 비만이 뉴스의 주요 기사로 떠오르고 자연식, 토종음식이 귀한 대접을 받게 되었다.

모든 사람은 앞다퉈 아무리 없이 살아도 자존심을 세워 "너 같은 자도 차가 있는데 나 라고 차를 못 가지냐"하는 식으로 없는 형편에도 자동차를 사들였고, 자동차 업계에선 때아닌 억대가 넘어가는 연봉의 판매원(딜러)들이 생겨났다.

지구는 한자리에 머물지 않고 인간의 모습도 언제까지나 복사꽃이 핀 모습으로 있을 수는 없고, 내 자식을 출가시키지 않고 언제까지 품 안에 둘 수는 없듯이, 사람들이 진정으로 절약이라는 것을 알았을지언정 단맛을 안 아기처럼 편안함이 생활 속에 이미 기둥처럼 세워져 자가용의 처분을 할까 말까 저울질하고 있다.

비대해 질대로 비대해진 소비성은 한국인들을 걷지 않는 민족으로 만들어 버렸고, 그것은 다시 '웰빙' 바람을 타고 비만도 아닌 사람까지도 모델처럼 변하는 진풍경이 만들어지고 있다. 없는 사람이 제일 먼저 해야 할 절약정신은 자가용을 처분하는 일일 것이다.

특히나 할부로 샀을 경우, 집도 할부, 자동차도 할부, 가전도 할부 이런 집들은 자식들이 진정한 돈의 쓰임 세를 전혀 모른다는 것이다. 비만인 사람이 제일 먼저 해야 할 헬스는 두 정거장 정도는 걸어야 한다는 것이고 대중교통을 이용하는 일일 것이다.

  정부가 이 시대에 해야 할 일은 기름값을 놓고 저울질하는 것보다 차량도 분수에 맞게, 사람들도 분수에 맞게 탈 거리에 관세를 대폭 조절하는 것이다. 소형차의 세금은 더욱 적게 부과시키고 중형차의 세금은 지금보다 2배, 대형차는 대형수입 차와 같은 수준으로 세금을 부과시켜야 한다.

  수입차의 관세를 대폭 내리고 수입하게 하데, 도로세 관세를 배기량 별로 수입소형차를 대형승용차의 2배를 적용해 운행하게 하는 것이다.

  그래서 국제적인 불화는 없애고 국산을 애용하는 애국심도 높이고, 수입차는 수입차를 운행할 수 있는 위치의 사람에게 운행할 권리를 줘야 한다.

  또한, 소형차의 기준을 배기량 1,500cc, 중형차는 1,500cc~3,000cc, 대형차는 3,000cc 이상으로 상향해서 세금의 평준화를 확실하게 만들어야 분수에 맞는 사회가 조성되고, 지구의 생명연장에도 일조하게 된다.

  실전운전에서는 승용차에 대형은 없다. 경차, 소형차, 중형차로 나뉜다. 대형차라 함은 길이가 7m가 넘는 화물차와 버스뿐이다.

  경차: 1,500cc 미만
  소형: 1,500~3000cc 미만
  중형: 3,000cc 이상

  오토바이의 배기량도 1,000cc를 넘는 것이 많다. 없는 자나 부채가 많은 자(일부지만) 일수록 대형차나 수입차를 끌고 다닌다.

  또한 개인택시의 자격제도도 택시회사 무사고 3년에서 한 직장 무사고 5년으로 늘리고. 여객버스 기사에게도 택시와 같은 자격을 주고, 여객버스 사무직 근무자나 택시회사 사무직 근무자가 개인택시 자격을 부여받는 일은 없도록 서류 외에 확인절차를 더욱 보강시켜야 한다.

또한, 개인들의 늘어나는 승용차로 개인택시의 남아도는 수요 때문에 더는 개인택시를 매매할 수 없게 만들고, 개인택시면허의 정년제 적용으로 개인택시의 순환이 이루어져 자연적인 도로체계가 만들어져야 한다,

학원, 유치원, 회사의 개인 지입차량(일명 모찌꾸미)의 운행을 없애고, 자회사 차나 자차로 운행하게 해서 한 사람이라도 더 취업이 보장되도록 정부의 입김을 불어서 넣어야 한다.

회사나 관허가 업체가 개인 차량을 쓰면 개인 대 개인은 좋을지 몰라도 국가적으로는 막대한 손실을 준다.

국가의 위기는 그런 작은 것에서부터 시작된다.

채소밭의 잡초는 보기에도 안 좋고 채소의 영양분도 빼앗아 간다. 도로의 단속은 과적도 중요하지만 정작 중요한 것은 적재함의 불법개조이다.

덤프차의 짐칸을 기준으로 화물차의 운전 탑이 위로 10㎝만 올라가도 모든 것을 불법으로 간주해야 한다. 모든 화물차의 높이가 시내버스보다 높으면 불법개조이다.

특히 위험한 것은, 가볍다는 이유로 적재함의 2~3배나 높이 설치하고 다니는 화물차들과 이미 개조해서 나온 탑차들이다.

철근개조차량, 대형, 소형 탑 차량, 꽃 배달 화원차량, 쓰레기매립차량 등이 버스보다 높이를 높여서 도로를 주행하여 다른 차량을 불안하게 만들고, 인원이 모자란다는 관공서 단속원을 피해 다니며 도로를 질주하고 있다.

개조된 화물차량의 주행

　과적이나 불법개조한 차량을 운행하여 법규를 위반하면 운전자를 처벌하기보다, 개조차량을 허가해주어서 사고를 내게 한 관할 관청부터 개선해야 할 것이다.

　과적에 대한 단속은 수시로 보았으나 불법개조한 차량을 단속하는 것은 필자는 한 번도 본 적이 없다.

　생계를 위한 수단을 미끼로 운전자를 부리는 차주는 모든 불이익의 맛봐야 한다. 여기서 차주란 간판(명의) 회사도 포함된다.

　처음 장을 쓸 때도 열거했지만 사고는 일어나고 나서 수습하는 것이 아니고, 사고가 나기 전에 예방하는 것이다.

　원만히 해결할 일은 파출소(지구대, 치안센터)에서 경찰서 가기 전에 해결하듯이 작은 일은 큰일로 만들어 크게 확대시키지 말고 작은 곳에서 해결하여 '뒷북치는 일'이 이제는 없어져야 한다.

　관공서의 자동차 관련 부서도 좀 더 전문 인력과 과학적인 장비를 구축하고, 경찰서의 교통사고 초동수사도 좀 더 전문 인력으로 보강해야 피해 보는 운전자가 줄어들 것이다.

　운전자들은 개인 보험과 자동차보험을 의식해 백미러의

페인트만 벗겨져도 병원에 입원하고, 병원장들이 그들에게 진단서를 내 주기 전에 법에 따른 한층 강화된 조치가 필요할 뿐이다.

보험사(손해사정사), 의사(개인병원), 경찰관(담당경찰관), 정비업체, 무엇을 의미하는 뜻일까?

자동차 사고가 났을 때, 위에 거론한 사람들에 의해서 보험금이 커지거나 작아질 수도 있다.

필자가 변호사라면 그런 억울한 시민을 위한 대변인이 되어 변호를 맡았으면 하는 생각도 해 본다. 한, 두 명으로는 수입이 안 되지만 그룹으로, 몇십 명, 몇 백 명의 변호를 맡는다면 봉사도 하면서 수입 적으로도 괜찮을 것이다. 사회는 변화하고 있다. 변화하는 사회에 맞춰 관공서도 많은 변화를 시도하고 있지만, 유독 자동차에 대한 부처만 변화를 따라잡지 못하고 있다.

이 시대에 가장 많은 교통사고 사상자를 매일 신문의 사회면 기사에서 보면서도 자동차 관련 부서는 인력과 예산 부족을 들어 핑계를 댄다.

정작 뉴스는 시각이나 청각으로 보고 듣고, 몸으로도 느끼는 감촉을 필자는 높으신 분들께서도 느끼시길 바라는 마음이다.

그분들은 뒷좌석에 앉아 사고 나는 곳을 지나치면서도 마음만 상해서 지나가 버린다. 그러나 그분들이 뒷좌석에 타지 않고, 앞좌석에 앉거나 직접 운전을 하고 간다면, 보는 상황은 감상 자체가 달라질 것이다.

나도 옛날에는 저렇게 직접 운전을 했었지 하면서 지나치는 분도 있을 것이다. 그때의 생각으로 지금의 국민을 위한다면 국민은 그분의 이름 석 자를 영원히 기억할 것이다.

외국의 시사를 접하다 보면, 의원들이 대중교통을 이용하고 다니면서 민중의 고충을 직접 느끼고 그들과 대화하며 좀 더 그들의 입장에 서서 국민의 대변인이 되는 것을 볼 수 있는데, 왜 한국은 그런 분들이 몇 안 될까?

한국의 의원들은 과거에는 국민의 힘으로 의원이 됐지만, 지금은 당원 수가 많으면 되고, 재력가가 아니고는 의원 되기도 어렵다는 유머가 있다.

그만큼 국민의 힘으론 의원이 신임을 얻기가 어려운 이유가 무엇인가 쉽게 풀리지 않는 국민과의 약속의 문제가 지속하는 것은 아닌지 생각해 볼 일이다.

인생을 볼 때는 먼 산을 보고, 생활을 볼 때는, 거울을 보면 안다. 국민의 신임을 얻지 못한 국회의원이 국민을 위해 무엇을 할 것인가? 현장에서 대화 몇 마디로 현장의 모든 것을 알 수는 없을 것이다. 그러나 멀리서 잠깐 그들이 일하는 모습만 보는 것과 직접 대화를 나누는 것은 분명 큰 차이가 있을 것이다.

정치인들은 방송국의 카메라 앞에서만 미소 짓지 말고 국민 한 사람의 카메라가 더 무섭다는 것을 알아야 할 것이다.

인간이 만들어 가는 세계사는 문명이 발달할수록 '농촌의 향기'를 잃어가고 직위가 높을수록 '우리보다는 나'를 위주로 살아가며 高 학력일수록 '사기성'이 더 커진다.

사진 한 컷에 서민을 대표하는 정치인들의 모든 것을 이제는 국민도 한 컷으로만 여길 것이다.

운전은 2시간 하고 휴식을 취하라지만 정작 대중 교통 버스 (지선, 간선) 기사들은 노선 1회 운행에 3, 4시간을 초과한다. 출, 퇴근 시간대엔 정해진 식사시간도 없이 운행해야 하는 대중교통기사들의 고충, 그것은 아내도 모르는 버스 기사 본인만이 느끼는 서민의 서러움이다.

보통사람도 버스를 2시간 이상 타면 차멀미를 하는데 승객을 핑계로 온종일 버스 안에서 생활하는 기사들의 고충은 그들만이 느끼는 괴로움의 직업이다.

아마도 이 세상에서 가장 힘든 직업은 기사, 형사, 의사같이 '士' 자가 들어가는 직업이 아닌가 싶다.

환승제가 도입되고 전국의 도로는 운행시간이 짧아져 가지만 대중교통기사들의 운전시간은 줄지 않고 급여만(시대에 따라서) 줄어든 것 같다.

구역과 도시 간에 운행하는 모든 대중교통 버스는 도시 진입 초기에 기점을 만들어 외곽에서 회차하게 해야 한다. 운전기사들의 조급함을 덜어주고 도심의 교통량과 대기오염의 분산을 축소해야 도시속의 정체가 한결 풀어져 도시민들의 생활을 좀 더 여유롭게 만들어 줄 것이다.

또한, 신설 노선을 만들기 전에 출발점인 종점에 버스가 최소한 10대 정도는 주차할 공간을 확보한 다음에 노선을 신설해야 할 것이다.

안전지대에 주차중인 버스종점의 차량들

농촌이 도시화를 하면서 고속도로의 정체성은 날이 갈수록 늘어만 가는데 효율성은 점점 뒷걸음질이다.

어떤 고속도로는 몇 미터만 연결하면 장시간 돌아서 가지 않아도 될 것을 필요성과 설치비라는 문제로 길을 연결하지 않아 도로의 편리성을 차단해 버리면서 마을 간의 격차를 만들어 버렸다.

고속도로 통행료를 내려고 출, 퇴근시간대에 쏟아지는 차량에 시간을 더욱 지연시키는 요금소의 가중정체를 없애려면, 요금소를 없애고 고속도로 통행세를 외국처럼 자동차세에 첨부시켜야 한다.

도로통행세를 내려고 줄서있는 차량들

물론 어떤 차는 혜택을 보고 어떤 차는 불이익을 당한다고 생각할 것이다.

그러나 그것은 모든 것이 어울려서 공유하는 것이므로 혼자만의 부당함이라 말할 수는 없다.

그리고 필요해서 차량을 구매했으니 정부에서 고시하는 것을 거부할 수는 없다.

또한, 각 도시마다 도시 한가운데에 자리 잡은 버스 터미널과 공판장을 도시 가장 외곽으로 옮겨서 도시 차량

정체현상을 축소하고, 도시 공기 정화와 시민의 차량이 여유롭게 운행되도록 도모해야 한다.

그것은 전국의 모든 소도시가 환승제를 도입한 후 할 일이지만 공시에 앞서 각종 터미널, 공판장, 같은 국, 공, 시립 건물들을 먼저 도시 외곽으로 옮기는 것이 순서일 것이다.

특히, 백화점과 터미널이 붙어 있는 곳으로 지하철이 지나가는 곳이 있는데, 출, 퇴근 시간이면 버스 운전기사들이 제일 가기 싫은 장소이고, 한가한 시간이면 택시들의 장기 정차 때문에 차선 하나가 항상 없어지는 곳이기도 하다.

출, 퇴근 시간이 없어져 버린 전국 일일 시간대에서 도시의 버스나 전철의 24시간 운행은 이미 시작되어야 했다.

지금의 17시간에서 19시간의 운행을 16시간으로 줄이고 전국 버스운전기사의 시급제 통합에 맞는 출발지나 기점이 아닌 차고지까지 운전을 시간제에 포함해야 한다.

휴식 시간을 포함한 9시간 근무와 왕복 4시간이 아닌 왕복 2시간 거리로 운행시간을 조절하여 버스 운전기사의 조급함을 줄여야 한다.

정류장에서도 승객이 승차하여 자리에 않는 것을 확인하고, 신호가 황색이면 서행하여 정차했다 갈 수가 있어야 한다.

출, 퇴근 시간을 기준으로 킬로 수가 아닌 횟수를 도입한 관리와 운영이 관청에 의해서 안전운행으로 이어진다면, 시민이나 기사가 안전과 생계에 지장이 없을뿐더러 버스 운전기사들의 조급함 때문에 일어나는 교통사고는 더는 증가하지 않고 감축만 지속할 것이다.

더불어 취업률을 높이는 데도 이바지할 것이다.

노선버스는 시간이 변동하지 킬로 수는 변동하지 않는다.

사고는 고정된 거리에서 변동되는 시간의 부족으로 과속과 신호위반을 하면서 횟수를 채우려는 회사의 상술에 운전기사와 승객이 희생되는 것이다.

문제는 국가가 올바른 시정조치와 관리는 안 하고 같이 동참한다는 것이다.

또한, 다른 직업과 달리 대중교통운송 수단인 버스는 충분한 노선교육을 한 다음에 노선에 투입되어야 한다.

지금은 화물차나 자가용 기사들이 버스 기사로 투입되고 있어서 마을버스(지선버스) 3개월 한 기사만도 못하다.

그렇게 많은 인원을 운송하는 버스 기사라는 직업은 매우 어려운 일인데도 운수회사들은 기사를 구하기 어렵다는 이유로 (공영제로 정년이 뚜렷해진 이후로) 마구잡이로 운전기사들을 메꾸고(채우고) 있다.

그런 이유로 버스 기사중에 젊은 기사가 없고 운수산업의 미래가 불확실하다.

버스 운전기사의 안전운전이 얼마나 어려운지를 알려면 안전 공단의 무사고 10년 차 운전기록을 보면 된다.

택시운전기사가 10년에 무사고 100명이 나올 때, 버스 운전기사는 무사고 10년 차가 1명 나오기도 어렵다. 즉 무사고 10년 차의 택시 대 버스의 비율은 100대 1이다.

그 정도로 버스기사의 일이 무사고를 낼 수 없을 만큼 힘이 (정해진 킬로 수를 변동하는 시간 안에 돌아야 하는 운전술) 든다는 것이다.

격일제(하루 일하고 하루 쉬고)일 때는 그나마 푹 쉬는 시간 이라도 있었는데 2교대(오전 오후로 나누어 근무)인 시내버스 근무자들은 새 장에 갇혀서 시간이 없어져 버린 비둘기 꼴이 되어 버렸다.

위험한 차선변경

가차선에서 버스차선으로의 차선변경

오전 3일 근무하고 하루 쉬고 5일째 된 날 오후 근무하면 제대로 된 2교대 버스 기사의 정상적인 근무인데도 회사나 정부에서는 알면서도 그러지 못하는 것이 한국의 실태이다.

필자가 자가용 기사를 채용한다면, 나이와 사고에 상관없이 버스 운행경험이 많은 사람을 고용 할 것이다.

도로 위의 그 어떤 운전자보다 더 운전을 잘 알고 있기 때문이다.

버스를 운전했던 사람이 승용차를 운전한다면 버스의 운전습관 때문에 생명을 위협하는 사고는 내지 않는다는 것이다.

작은 사고가 잦은 운전자는 사망사고나 중과실의 사고를 내지 않으며 사고의 본질을 몸으로 경험하기 때문에 방어운전과 예측운전을 남보다 배 이상 빠르게 습득 한다는 것이다.

전쟁터에 갓 투입된 소대장보다는 계급에 상관없이 전쟁을 자주 경험한 병사가 전쟁에 대해 몸이 유연해지듯이 운전도 마찬가지이다.

운수회사에서 10년 된 간부보다 도로에서 1년 된 운전기사가 실전운전에 대해서 더 잘 안다는 뜻이다.

직, 좌 동시 신호 시 좌회전 전용차선이 있는데, 그런 곳의 좌회전 전용차선은 직, 좌 동시 차선으로 바꾸어 교통체증을 원활하게 순환시켜야 한다.

또한, 겨울철 눈이 오면 제일 먼저 운전자가 고역인데 관청은 공휴일이라 손 놓고 있다가 언론이 떠들어 대면 그제야 비상근무를 한다고 법석을 떤다. 언론보다 앞서 실천을 해서 제일 먼저 일하는 관청으로 언론에 기사화되었으면 하는 게 시민의 바램이 아닐까?

내가 누군가에게
화를 나게 하거나 아픔을 주게 되면
그것은 나에게 부메랑이 되어
반듯이 돌아온다.   [秋山]

9. 끼어들기의 요령

　끼어들 때 대부분 차량은 무조건 옆으로 주행하는 차량의 앞으로 끼어들려고만 하는데, 이것이 결정적인 사고 나기 직전의 상황이다.

　끼어들기는 초보자가 하기엔 매우 어려운 운전기술이다. 물론 경험자도 끼어들기를 할 때는 신중하고 조심스럽다. 출, 퇴근 때나, 정체 중일 때 끼어들려면 양보를 해 주는 차량이 있어야 끼어들 수가 있다.

　그러나 끼어들 공간이 있는데도 두려워서 끼어들기를 제때에 못하면 오히려 다른 차량에 피해를 주는 꼴이 되어 초보자로선 매우 난감한 일이 아닐 수 없다.

　우선 끼어들기를 할 때는 끼어들고자 하는 차선의 차량과 같은 속도로 주행해야 한다.

　우측보다는 좌측으로 끼어들 때 더 속도를 높여야 하며 우측으로 끼어들 때도 그 차로로 달리는 차량과 같은 속도로 주행해야 한다. 끼어들 차량과 뒤차의 간격이 2대 이상의 간격으로 벌어져야만 한다.

　끼어들 차량의 꽁무니가 자차의 앞 전조등 범퍼를 지나간다 싶으면 재빨리 핸들을 틀어 끼어든다.

　이때 주의할 점은 앞차가 정지 페달(브레이크)을 밟을 수도 있다는 가정하에 긴장하면서 끼어들어야 한다.

　끼어들고 나서는 끼어든 차량의 앞 차량과 같은 속도로 맞추어 주행하고 뒤차가 백미러에 보이지 않아도 반드시 비상

깜빡이를 켜 주었다가 꺼 주어야 한다. 글을 쓸 때, 어떤 작가는 하루의 생활로 책을 쓰고, 어떤 작가는 한평생 삶을 책으로 쓴다고 한다.

그렇게 인생은 작가가 쓰는 책과 같이 하루의 인생이나, 평생의 책이 될 수도 있다.

면허증을 취득하기 전에 도로교통 법규나 도로교통 운행에서는 승용차는 차선과 관계없이 전차선으로 운행할 수가 있다고 했다.

또한, 화물차나 대형차는 1, 2차로를 제외한 차로를 운행해야 한다고 명시되어 있다. 4차로인 경우 1, 2차로로 화물차가 운행하면 차선위반에 해당한다.

그 밖에 모터가 달린 오토바이나 자전거와 우, 마차는 1, 2, 3차로를 제외한 차로로 가야 한다고 교통법규는 명시하고 있다. (도로가 1, 2, 3, 4차로인 때에만)

그래서 승용차는 2, 3차로가 비어있는데도 계속 1차로로 달리고, 오토바이는 차로와 관계없이 곡예운행을 하고 다닌다. 운전하면서 제일 먼저 알아야 할 것은 바로 왼쪽 차량은 오른쪽 차량 보다 무조건 빨라야 한다는 것이다.

또한, 1차로로 가는 차량은 뒤에서 자기보다 빠른 차량이 다가오면 무조건 우측으로 비켜주거나 뒤에서 오는 차보다 빠르게 달리는 예의를 지켜주어야 한다.

차로가 2차로 이상이면 도로를 달리는 모든 것들은 항상 왼쪽은 오른쪽보다 빨라야 한다는 것이다.

세계의 모든 국가도 이것을 기본으로 알고는 있지만, 실질적으로 지키는 국가는 없다는 것이다.

☞ 절대 수칙을 지키면 좋아지는 것이 몇 가지 있다.

첫째: 난폭운전이 사라진다는 것이다.

난폭운전이라 함은 차선과 차선 사이를 과속으로 이동하면서 달리는 차량을 말하는데 만약 절대 수칙을 지키는 차선에 난폭운전자가 진입해서 달린다면 그 차량은 한 차로로만 달릴 것이다.

둘째: 과속운전이 줄어들 것이다.

과속운전이라 함은 도로의 구부러짐을 보편으로 삼아 기준속도를 초과 운행하는 차량을 말함인데, 기준속도 표지판에 대략 10km 이상 달리는 차량을 과속차량으로 간주한다.

셋째: 끼어들기가 줄어들 것이다.

끼어들기라 함은 속도에 따라 거리를 두고 달리는 차량 앞에 들어서는 것을 말하는데, 그 거리가 없는 공간을 파고들 때를 끼어들기라 한다. 교통법규에서는 보통 차선변경이라 한다.

실전운전에서는 차선변경은 없다. 그래서 끼어들기를 할 때는 늘 미안한 마음으로 끼어들고, 끼어들고 나서는 고마움을 비상등으로 표시해야 한다.

* 끼어들기를 할 때는 서 있을 때 하는 것이 가장 안 좋다.

넷째: 조급함이 사라진다는 것이다.

급한 일이 발생 했을 때 앞차가 가로막지 말고 비켜 줌으로써 이차선 저 차선으로 난폭운전을 안 하고 안전하게 빠른 주행을 할 수가 있다.

다섯째: 스스로 안전운전자가 되어 간다는 것이다.

내가 양보를 안 해도 남이 양보를 해 주니 나도 양보를 할 수밖에 없다는 것을 느낀다는 것이다.

이 절대 운전수칙 하나로 인해서 운전자들은 교통사고의 본질을 줄여주는 효과를 누리는 즐거움을 배우게 될 것이다.

운전의 가장 큰 단점은 달린다는 것에 있다. 즉, 조바심을 유발하는 과속이다. 바쁘게 달리는 운전자를 따라가다 보면 어느 지점에 이르러 여유로움을 보여준다.

그렇게 여유로울 것을 왜 그렇게 바쁘게 운전했는지 물을 때 그 운전자는 말한다.

'그때는 바빴어!'

그 운전자가 그렇게 운전했을 때 사고는 일어날 수도 있다는 것이다. 물론 직업적인 운전자들에게서 더 많은 사고가 일어난다.

시간을 정해놓고 고객을 만나러 다니는 회사원, 제시간에 물건을 전달해야 하는 화물기사, 시간에 맞춰 운행해야 하는 버스 기사, 시간 안에 일당을 채워야 하는 택시 기사, 등등 위에서 나열한 거와 같이 사고는 시간과 연관이 있는 것을 알 수가 있다.

운전사고는 첫째가 시간이 모자라는 조급함이 불러오는 것이고, 두 번째는 시간 안에 횟수로 푼돈을 벌고 있는 직업인이다.

우리는 차를 타고 다니면서도 많은 사람이 시간에 쫓기듯 분주히 다니는 것을 무심히 지나친다.

그저 차가 막히면 제 욕심만 내세워 짜증만 낼 뿐 정작 그 막힘의 일부분이 자신이란 것을 깨닫지 못한다.

대한민국의 국토는 남, 북한 합해 산이 70%라고 한다.

그 나머지 30%의 땅에 집들을 짓고 논, 밭을 일구고 나면 자동차가 다니는 도로는 편도 1차선도 안 나온다. 그런데 한번 보라! 자동차 대수가 2000년 이후 현재 천만 대가 넘어섰다.

해가 갈수록 자동차 수는 더 늘어날 것이다. 모든 것은 자연과 하나가 되어야 한다.

우리 조상은 일부러 길을 만들어 놓고 다니지 않았다. 사람들이 자연을 훼손하지 않고 꼭 필요로 해서 다녔던 길이 인도로 되었다.

언제부터인가 인도는 점점 사라지고 길이란 오직 차도만이 존재하는 것으로 인식되고 있다.

길을 만들 때도 인도를 먼저 만들고, 자전거나 유모차가 다닐 수 있는 도로를 만들어 놓고 나서 자동차 도로를 만들어야 한다. 고속도로를 만들 때도, 그 옆으로 사람이 다닐 수 있는 안전 막을 친 최소한 1m 정도의 인도를 만들어 놓아야 한다.

특히 어린이를 보호한답시고 초등학교 앞 정문에서 반경 300m 이내의 주통학로를 스쿨존(School Zone) 으로 정해놓았다.

스쿨존은 꼭 필요하며 지켜야 할 의무가 있지만, 어린이를 보호할 궁극적인 목표를 가진다면 더 효과적인 투자(어린이를 위한)를 해야 한다.

천방지축인 어린이가 30km 이하로 가는 자동차를 피해서 다니지는 않는다.

사고는 한번 일어나면 엄청난 파문이 일어 난다. 그런데 우리나라는 무엇이든 일이 터진 다음에 고치고 시정을 한다, 또, 어떤 곳은 일이 터져도 귓구멍만 후비고 있다.

여러 번 사고가 반복되고서야 관심을 갖는 척하다가 후 다닥

마무리해버린다.

어린이가 등, 하교하는 학교 주변은 횡단보도가 있으면 안 된다. 어린이 보호 구역을 지정하고 위반하면 벌칙을 강화하지만 사고는 그런 것에 연연하지를 않는다. 그런 곳은 학교 안까지 연결된 육교를 설치하거나 지하보도를 만들어야 제대로 된 안전한 등, 하교가 이루어질 수 있다.

아이들은 우리의 미래라고 떠들면서 사고의 위험을 내버려두면 미래는 오지 않고 없어진다. 이것이 사람이 살아가는 진정한 도로와 길이다.

정체가 심한 곳은 지하도로를 내어 차량을 분산시키지만, 교차로 한 곳만 지나게 하여 다음 교차로의 정체를 가중시키게 된다.

지하도로를 만들 때도 교차로를 최소한 2개 정도는 만들고 정체가 심한 곳은 2층 도로를 만들어 차량을 분산시켜야 한다.

도로라고 2층 3층이 없으라는 법은 없다.

차선을 많이 낼 것이 아니라 도로를 2층, 3층으로 내야만 하는 것이 좁은 땅에 천만의 차량이 다닐 수 있는 한국의 도로가 아닌가 싶다.

산에 길을 낼 때, 터널을 뚫을 수가 없어서(공사비가 많이 들어가서) 산을 둘로 나눌 경우가 생겼다면, 산과 산을 연결하는 작은 다리라도 사람과 동물이 다닐 수 있도록 반드시 만들어야 한다.

사람이 필요해서 자연인 산을 허물었다면 그 전에 살던 주인들(짐승, 새, 곤충, 벌레.)에게 반듯이 보상해 주어야 한다. 지구의 생존체계인 피라미드 체계에서 인간이 가장 위쪽을 차지해야 정상인데, 지금의 지구는 인간이 피라미드의 가장 밑을 차지하고 있다.

산과 산을 연결한 터널

　자연과 동물이 조화를 이루지 못한다면, 인간이 설 수 있는 땅은 어디에도 없다.

　새들이 노래하지 않은 산은 이미 산이 아니다. 높은 산도 인간의 집이 들어섰다면 그 산은 서서히 죽어갈 산이다.

　인간이 산에다 집을 지어놓고 자연보호를 한다지만 이미 자연을 훼손한 후에 어떻게 자연보호를 한다는 것인지 인간의 동문서답에 대한 의도를 알 길이 없다.

　인간이 산을 보호하는 길은 땅속으로 가는 것밖에는 없다. 모든 것이 함께 공존할 때 비로소 지구가 제대로 되는 것이다.

　인간은 공존하는 세계에 끼어들어 단독행동을 하면 안 된다.

　지구는 인간만 살아가라고 생긴 것은 아니다. 또한, 길은 사는 집까지 헐어가며 곧은 차도로 만들지 말고, 우리는 산이 70%나 되는 우리의 실정에 맞게 자연 그대로의 아름다운 차도를 만들어야 한다.

　한국은 과거 외국에서 '동방의 고요한 아침의 나라'로 불렸다. 기와집과 초가집이 꾸불꾸불 한 길과 어우러져 조화를 이룬 풍경이 외국인의 눈에도 아름답게 비쳤으리라 싶다.

　그런 것들이 없어질 때마다 우리 고유의 한국적인 아름다움은 사라져 가는 것이다.

한국인은 군중심리에 약한 민족이다. 또한, 위험이 따르는 모험은 하지 않는다. 그래서 자리를 지키는 사람을 위대하게 생각하고 남의 나라를 쳐들어간 장수를 영웅으로 받드는 것이다. 이것은 비단 한국만이 아니고 지구에 있는 모든 나라가 다 그럴 것이다. 그것이 곧 동물의 본능인 영역 다툼에서 비롯된 하나의 자연, 즉 동물의 세계인 것이다.

땅이 넓은 곳에서 사는 사람일수록 마음도 넓고 정도 넘쳐 흐른다. 비둘기 집(아파트)이 많아질수록, 숲이 없어질수록, 고층 빌딩이 하늘을 가리면 가릴수록 사람의 여유는 점점 사라지고, 시간 속에 갇히는 인간만 늘어갈 것이다.

구부러진 길, 오르락내리락하는 길, 숲이 우거져 바로 앞도 볼 수 없을 정도로 나무와 어우러진 길, 이런 길이야말로 진정으로 아름다운 한국의 길이 아닌가 싶다. 그것이 곧 지구가 바라는 자연 친화적인 길이 아닐까? 이런 길에서는 교통사고가 오히려 잘 나지 않고, 양보심이 우러난다.

곧게 뻗은 길은 한국의 길이 아닌 국토가 넓은 나라에서나 어울리는 길이라고 필자는 생각한다.

곧게 뻗은 길은 기차나 지하철로 만들고 자동차도로는 사람이 다녔던 자연 그대로 만들면 된다. 앞으로 미래에는 관광산업이 그 나라의 국가 경제를 이끌어 나가게 될 것이다.

기계문명이 발전되어질수록 인간들의 마음은 기계화되고 인간들은 자연을 더욱 그리워할 것이다.

도시에서 태어나고 자라난 어린이들은 흙과 자유를 잃고 시간에 쫓기는 기계적인 유년기, 청소년기를 보낼 것이며, 어른들이 뛰어놀았던 어린 시절은 그림이나 조선 시대의 기록에서나 보게 될 것이다. 그렇게 자연과 함께 자연 속에서 자라난 인간들의 잠재의식 속에는 어린 날의 추억이 깃들어 있을 것이고, 그런 아름다움을 보기를 갈망할 것이다.

기계문명이 더욱 발전한다 해도 자연이 그대로일 때, 그 나라는 진정으로 세계의 주목을 받는 최고의 관광국가가 되는 것이다. 갇혀 있던 동물들이 우리를 나오면 숨이 찰 때까지 한정 없이 달리는 것을 볼 수 있다.

우리나라의 자동차!

사실 달린다는 것이 우스운 얘기다. 그럼에도 좁은 땅덩이에 달릴 수 있게 곧게 길을 낸다는 것은 사고를 미리 방지하는 것이 아니라 사고를 부추기는 꼴이다. 한국의 길은 한국의 길에 맞게 차도를 만들면 되는 것이다.

지구는 환경오염으로 병들고 석유와 가스 등 천연자원은 점점 고갈되어 가고 있다.

선진국들은 환경오염방지를 위해 차세대 에너지를 연구하고 전기의 동력도 태양열이나 동물의 배설물, 바닷물 등 자연을 활용할 수 있는 연구에 매진하고 있다.

자동차의 원동력도 기름이 아닌 원자력이나 수소 또는, 태양 에너지와 N과 S극을 이용한 모노 동력차 등등 선진국의 지구환경을 지키려는 노력은 날이 갈수록 극대화되고 있다.

머지않아 일부 선진국에서는 중세와 현대의 교통수단이 접목된 말이나 소가 끄는 전동차가 다시 생길지도 모를 일이다.

또한, 미래에는 바퀴가 없는 자동차가 생길지도 모르며, 평소에는 애완동물이나, 종(하인)처럼 같이 다니다 필요시엔 자동차로 변신하는 로봇 차량이 등장하게 될지도 모른다.

미래의 가장 큰 재앙은 인간이 가진 기술의 발전 때문에 지구의 모든 것들이 외계 종으로 변종이 된다는 것이다.

한국의 길이 옛 모습을 찾으려면 미래에는 친환경을 도모하고 자전거를 활용한 탈것이 많이 나와야 한다. 자동차의 수가 줄어들면 줄수록 한국의 옛 모습을 더 많이 복원할 수 있을 것이다.

도로에 자전거가 달리든 자동차가 달리든 달리는 것에 사람이 다치면 그것은 엄연히 교통사고라는 것이다.

자동차도로가 만들어진 이상 그것을 없애 버릴 수는 없다. 그러나 조금만 다듬는다면 아름다운 도로로 바뀔 수 있다. 차를 타고 주행을 하다 보면 왼쪽이나 오른쪽에 안내판이나 광고판이 눈에 들어온다. 그러나 속도가 높으면 그것들은 아무리 크게 쓰여 있어도 읽기도 전에 지나쳐 버린다.

그래도 차량이 눈여겨보는 것이 있는데 그것은 도로의 속도제한 표시제다. 그중에서도 가장 눈여겨보는 것은 역시 이동감시 카메라이다. 어떤 것은 500m 전방에 있고, 어떤 곳은 200m 전방에 있다고 세워져 있다. 그러나 운전자는 속도가 높으면 높을수록 좌, 우를 보는 것이 둔해지면서 전방만 응시한다.

고속도로에서 진입차선에 부착된 속도표지판

도로공사 측은 운전자들이 응시할 수 있는 터널이나 다리를 통과할 때 그 높이에 속도제한 표시제를 달아놓아 운전자의 안전한 주행을 유도해 보는 것도 교통사고를 줄이고 경제를 활성화하는 길이 아닐까 하는 생각이 든다.

이동식 과속방지카메라(스파이카메라)를 설치하는 곳이 운전자들에겐 아주 애매하다.

속도를 줄이고 가다 쭉 뻗은 길이 나와 막 달리기 시작하는 장소라든지, 화물차들이 속력을 내서 쭉 올라가야 반 이상 올라갈 수가 있는, 속력을 내기에 가장 좋아하는 장소라든지, 그런 곳에 설치하는 것은 사고를 줄이는 것이 아니라 사고를 유발하는 요인이 될 수도 있다,

그 이유는 그런 곳을 제한속도 이상으로 달리던 차량이 이동카메라를 보고 급정지를 하면, 뒤에 오는 차량이나 반대차선 차량과 추돌 가능성이 카메라가 없을 때보다 매우 높다는 것이다. 특히 그 길이 곧게 뻗은 길이라면 90% 이상이 그런 사고이다.

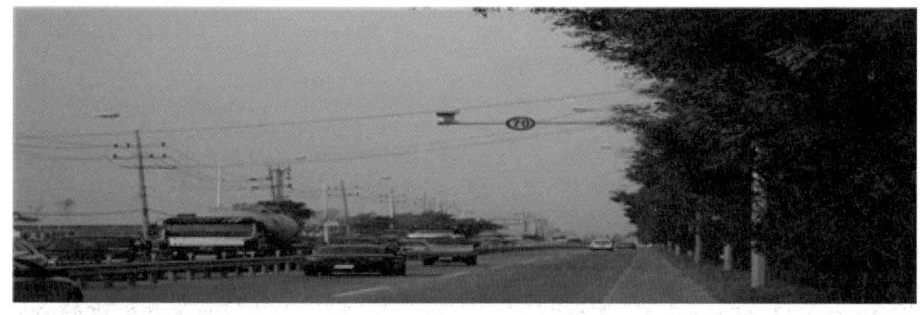

속도계가 부착된 감시카메라

이동감시 카메라로 감시해야 할 장소는, 곧게 뻗은 길에서 굴곡진 지점 50~100m 전에 설치해서 과속으로 코너를 돌아가는 (회전하는) 것을 규제해야 제대로 된 장소이다. 또 내리막길과

굴곡진 곳을 규정 속도 이상으로 과속 주행하는 장소,
진입로가 있는데도 서행하지 않고 진입하는 장소, 특히 소
도로에서 대도로 들어가는 장소는 더 위험하다.

그런 곳의 50~100m 전 지점이야말로 속도제한 표시제와
카메라가 꼭 필요한 장소이다. 지하도나 다리, 터널의 진입
전이나 터널 나오기 전에도 감시 카메라를 설치해 둘 필요가
있다.

고속도로 진입전의 육교의 각종 표지판

자동차 도로변에 나무를 심었으나 그 나무에서 떨어지는
낙엽을 해마다 쓸어버려 자연의 순환을 막고, 전신주와
빌딩들의 통신장애를 빌미로 매년 막대한 경비를 지출하며
가지를 잘라내고 있다.

자동차는 달리기에 앞서 인간 생활의 편리함을 위해서
만들어진 것이기에 다른 사람에게 불편함을 주어서는 안 된다.

달리는 즐거움, 달리는 편리함을 주위와 더불어 누릴 수
있어야 한다. 그 편리함을 가로막는 주요 범인 중의 하나가
바로 대형노선 버스이다. 도로를 통행하는 모든 버스(17인승
이상)를 1차선으로 통행하게 하자.

　즉! 전국의 모든 도로 1차선을 버스 전용차선으로 만들자는 것이다. 그리고 중앙 분리대 대신 인도의 가로수를 중앙으로 옮겨심고 사람도 중앙으로 다니게 만드는 것이다. 그렇게 하기 위해서는 지금의 도로 중앙에 나무를 심어야 한다.

폭1m의 가로수로 분계 한 중앙 분리대

　가로등은 도시는 30m 마다, 도시외곽은 50m마다 설치하고 중앙선의 폭은 최소한 3m~10m로 만들어야 한다.

폭5m의 가로수로 분계 한 중앙 분리대

교통량이 적은 한가한 농촌은 3m, 교통량이 많은 도시는 3m~10m로 설치하고 버스정거장 입구는 굴곡을 만들어 승객의 안전한 승, 하차를 할 수 있게 하여야 한다.

가로등은 왼쪽 오른쪽을 번갈아 50m 간격으로 설치한다. (도심의 가로등은 30m로 한다.) 즉 50M는 왼쪽으로 50M는 오른쪽으로 달아서 에너지 절약도 되고 차광으로 반대쪽의 어둠도 밝힐 수 있다.

나무와 나무 중간에는 가로등을 설치한다.

지금의 양쪽 인도와 가로수는 자전거, 인라인, 장애인이 탄 모터 차도로가 되고 버스정거장이나 인도는 중앙선으로 옮겨 버스정거장과 인도가 합해져 중앙통행로가 되는 것이다.

택시의 승객 승, 하차는 반드시 우측에서 내리고 타야 하며 중앙통로의 버스 차선으로 들어가면 버스정류장마다 감시 카메라를 설치 범칙금을 물리게 한다.

사람이 다니는 도로는 중앙의 가로수를 따라다니고 우측으로 갈 때는 횡단보도나 육교를 이용하여 건넌다.

무단횡단으로의 범칙금도 5~10배 인상하고, 특히 횡단보도 및 육교 50m 내에서 무단횡단은 강력히 단속하고, 교통사고 시 차량보다는 무단횡단 자에게 더 많은 과실을 부여하여 교통사고의 경각심을 키워야 할 것이다.

17인승 이상의 버스의 모든 배기관(마후라)은 우측으로 만들고 승용차와 화물차의 배기관은 좌측으로 만든다. 전국의 모든 도로를 이런 식으로 만들어 놓는 것이다.

그렇게 하면 중앙선 침범이라는 교통법규는 사라지게 될 것이다. 또한, 시내를 운행하는 노선버스는 직선 노선으로 만들고 우측으로 갈 승객들은 환승을 유도하여 갈아타게 하여서 버스

차량이 1차로에서 3차로, 4차로를 막고 우회전하는 것을 될 수 있는 한 적게 만들고, 버스도 전철처럼 2개 또는 3개 차량을 붙여 운행하게 하면, 한 번에 많은 인원을 이동시킬 수 있을 것이다.

또한, 버스정류장 근처의 주, 정차 차량 때문에 버스가 차선을 걸쳐서 승객을 승, 하차시키면 2차, 3차로를 주행하던 차량이 버스 때문에 주행을 멈춰 버스정류장 근처 도로가 마비되는 모습도 사라지게 된다.

주차해도 통행하는 사람이 중앙로로 다니고 주행하는 승용차 역시 대형버스가 중앙으로 다녀서 한결 안전한 운전이 될 것이다. 또, 몸이 불편한 사람도 횡단보도를 반만 건너가면 되니까, 조바심을 버려도 된다.

여기서 가장 중요한 것은 '삼위일체'이다. 즉! 버스만 1차로 전용으로 끝내면 안 된다는 것이다

1차선이 버스전용차로가 되면 2차로는 승용차전용차로가 꼭 시행돼야 한다. 4차로인 경우는 2, 3차로가 승용차 전용차로로 시행하고 4차로는 화물차의 차로로 시행한다. 또한, 화물차는 좌회전할 수 없게 만들고 좌측으로 들어가고자 할 때에는 교차로를 넘어서 우회전을 한 바퀴 돌아 직진하게 하여야 한다. 자연적인 것을 역행해서는 안 된다.

속도와 간격이 바뀌면 교통사고는 끝없이 계속될 것이다. 또한, 모든 차량의 속도제한체제를 만드는 것이다.

☞100km 이하: 고속버스, 긴급후송차량, 택시, 승합 버스.

☞80km 이하; 공항리무진버스, 광역버스, 모든 화물차.

☞특수차(트레일러) 60km 이하: 시내버스, 마을버스, 건설기계 차량, [지게차, 굴착기(포크레인), 기중기(크레인)] 카캐리어, (자동차 운반차) 레커차(견인차), 장비를 실은 화물차.

*자가용 승용차와 응급환자 차량은 속도제한에서 제외한다.

도시 일부에서는 버스 중앙차로가 시행되고 있는데 시행은 좋았으나 기초적인 준비가 없이 시행되어 아쉽다.

실제로 강남의 버스전용 중앙차로에 가서 보고 있노라면 이것이 버스전용 중앙차로가 맞나 하는 생각이 들 정도이다. 어떻게 버스가 우측에서 승객을 싣고 중앙선을 넘어서 반대편 차선으로 들어가서 우측 문을 열어 주는가? 중앙선을 넘어서는 실수를 할 수도 있다는 것이다.

버스전용차로 정체된 오후

도시에 반대로 있는 버스정류장

113

서울의 버스전용 중앙차선

　　이런 데서 1년만 운행하면 그 운전자는 어디서든 중앙선을 넘어서는 것이 습관화될 것이다.

　　정류장의 길이도 버스 3, 4대가 정차하면 더는 정차할 수가 없다. 승객이 없어 가려 해도 앞선 버스가 승객을 다 태우고 내리기까지 기다렸다가 출발해야 하므로 승객이 많이 밀리는 시간이면 그 지점의 중앙차로는 엄청난 정체현상을 겪게 된다.

　　문제는 승객의 승, 하차가 없는 뒤의 버스가 출발할 수가 없어서 정체현상이 가중된다는 것이다.

　　기존의 버스 정류장인 경우, 앞차가 승객을 승, 하차시키는 중에도 뒤차는 차선을 변경해서 나갈 수가 있었지만, 버스 중앙차로에서는 양쪽이 다 1차로여서 정거장 길이가 가깝고 승객이 많은 정류장일수록 중앙차로의 정체현상이 가중된다는 것이다

　　버스 중앙차로가 시행되는 도시의 정류장과 거리가 짧을수록 정류장을 띄어서 정차시키도록 시행해야 한다. 그러나 그런 것들은 일시적일 뿐 제대로 시행하려면 내리는 승, 하차 문이 왼쪽에 있어야 한다. 지방 사람들은 일부 도시에서 행해지는 버스 중앙차선을 이용하려면 버스를 몇 대는 놓치고 나서야

114

중앙차선으로 자리를 옮긴다.

정승의 지시로 하인이 일하다 잘못되면 하인만 벌을 받지만, 하인인 아비의 지시로 아들이 일하다 잘못되면 아비까지 벌을 받는다.

버스 중앙차로를 시행하려면 먼저 전국의 모든 버스가 중앙차선제를 시행해야 했다. 또한, 앞서 서술한 데로 먼저 중앙에 인도를 만들고 정거장을 만들었어야 했다. 또, 버스 정거장을 중앙선 넘어 반대 차선에 만들지 말고 그대로 1차선에다 만들어 영국이나 일본처럼 버스를 운행하든지, 아니면 대중교통 버스만 승객이 타고 내리는 문을 좌측에 만들어 운행하면 됐다. 그것도 아니면, 전철처럼 좌, 우측 문을 만들어 놓으면 되지 않을까?

버스 중앙차로! 그것은 획기적인 발상이었다.

한국인의 머리는 우수하다. 다만 마무리(설계)가 짧다. 기다리는 것에 약하고, 남의 말에 마음이 잘 동요 되고, 시작도 안 해 보고 두려워하고, 금방 화를 냈다가 금방 웃어버리고, 일단 저질러 놓고는 후회하고, 쓸데없는 고집으로 주위 사람들을 힘들게 하고, 원수도 시간이 지나면 용서하는 민족이 한국인이다. 다만, 번뜩이는 발상은 세계 제일이지만 곧 잊어버리는 게 흠이라면 흠이다.

이제 세계는 공업화의 발달 덕분에, 사람은 기계에 의존하는 상태다. 인간은 본시 동물의 한 분류인데, 움직이는 것을 싫어하면 수명은 단축되고, 걷고 뛰는 것을 싫어한다면 지구환경에 피해만 줄 뿐이다. 지구가 죽어가는 것을 알면서도 걷는 것을 피하고, 고기를 가스 불에 구워 먹으면서 남들이 자기와 같은 행동을 하면 불쾌지수가 높아지는 것, 그것은 오직 인간만이 누리는 특권(?)일 것이다.

　　지구가 왜 돌고 있는지 이유를 아는 인간은 아마 없을
것이다. 다만 지구가 돌고 있기 때문에 지구 안에 있는 모든
것들은 생겨나고 없어지기를 반복한다는 사실이다.
　　인간이 좀 더 오래 살고 싶은 욕망과 생명연장을 위해서
자연의 순리를 무시하고 지구의 수명을 단축시키고 있다.
죽음은 또 다른 자연이다. 인간이 자동차를 만들어서 생활은
편리해졌으나, 지구의 자연환경은 파괴되고 있다.

잃어가는 자연환경

변화되는 도시화

지금이라도 자동차를 좀 더 미래형으로 연구하고 개발해서 지구의 수명을 좀 더 늘려야 할 것이다.

지구가 없어져도 태양계는 존재하고 태양이 없어져도 우주는 존재한다. 끊임없이 계속되는 인간의 문명전쟁 속에서 지구에 존재하는 모든 것들은 인간이 멸망하기를 신께 간절히 기도하고 있는지도 모른다.

과학이 발달하면 할수록 지구의 환경을 더 보호해야 하는데 지구의 수명은 인간에 의해서 파괴되는 것이다. 인간의 수가 증가하면 증가할수록, 숲은 점점 줄어들고 수명은 점점 길어지고, 지구의 기온은 점점 올라가고, 기후는 점점 이상 현상을 나타낼 것이다.

당신이 운행하는 자동차에 의해 지구는 빠르게 파괴되고 있는 것이다. 자연에 의해 희석되어 그 속도가 느리게 지연되고 있을 뿐, 자연 그대로인 본래 지구의 모습을 회복하기는 몹시 어렵다는 것이다.

지구의 멸망은 예정되어 있다.

화성처럼 생명체가 없는 죽음의 별이 될 날이 얼마 안 남았다. 지구의 파괴는 인간들에 의해 앞당겨질 뿐이다. 할아버지, 아버지, 나와 아들 순으로 이어지듯이 지구가 생명을 잃어도 지구는 없어지지 않고 그 모습은 남는 것이 인간과 다를 뿐이다.

인간은 자꾸만 앞으로 나아가기를 원한다. 인간은 친구를 원하지만, 그 친구보다 돋보이기를 원한다.

인간은 혼자서는 약하지만 둘이 모이면 강한 척을 한다. 인간은 밝은 것을 원하지만 어두운 곳에서 더 많은 것을 원한다. 모든 것은 밤에 이루어진다. 낮은 실천될 뿐이다.

인간은 성을 조절할 수 있는 지능을 갖춘 동물이다.

인간은 상상하는 것을 이룰 수 있는 신의 능력을 갖춘 동물이다. 인간은 감정을 숨길 수 있는 모든 동물의 신이다.

인간은 나와 같은 자를 원하기도 배제하기도 한다. 인간은 바로 지구의 신과 같은 존재이므로 지구 위의 모든 것을 좌지우지하고 있는지도 모른다.

그런데 인간은 영원히 존재하고 싶은 욕망 때문에 더불어 살아가는 지구의 친구들을 자신의 소유물처럼 없애버리고 있다. 욕심이 과한 자는 동물도 하지 않는 가족까지도 도구로 사용한다.

지구의 모든 것은 싫어도 같이 살고 좋아도 같이 살아야 할 운명이다. 옆에 친구가 죽기보다 싫어도 같이 살아야 하고, 아무것도 없이 목숨만 붙어 있어도 살아야 하고, 하기 싫어도 해야만 하는 것이 이 지구에 태어난 물질들의 운명이다.

지금 당신이 운전하고 있다면, 우선 자신을 잊고 운전하고, 남을 위해서 운전한다는 생각을 해라!

다음은 쓸데없는 고집을 버리고, 상대방 운전자가 내 가족이라는 생각으로 운전하라. 이 두 가지만 가지고 운전한다면 교통법규를 지키라거나 준법운전을 하라는 말은 필요 없을 것이다.

말로는 태양인들 못 움직이겠는가? 성공한 사람은 그 사람만의 비결이 있다. 그 사람처럼 되고 싶어서 그 사람의 강의를 듣고 그 사람 흉내를 낸다고 성공하는 것이 아니다.

그 성공한 사람은 말로 표현할 수 없는 혹독한 시련과 다른 사람이 흉내 내는 정도로는 도저히 이룰 수 없는 외로움과 집념의 결실이다.

교통사고로 장애인이 됐다면 그 장애인의 말만 듣고 그 아픔을 똑같이 설명할 수 있겠는가?

손가락을 다친 친구의 아픔에 동조할 수는 있어도 그 아픔까지 느끼지는 못한다는 것이다.

저명인사들도 강단에서는 명연설하지만, 그 연단을 내려서는 순간부터 자기가 한 연설도 지키지 못하는 경우가 대다수다.

운전하기 전에는 모두가 신사요, 숙녀지만 운전대만 잡으면 약육강식의 세계를 살아가는 짐승처럼 변한다.

얼굴 험악한 자가 우선권을 쥐고, 목소리 큰 자가 남들이 들으면 피해자처럼 보이고, 조사반이 나오면 쓸데없이 집안 자랑이나하고, 초보자는 티를 안 내려고 새 차량을 사지만 다 속이 훤히 보인다는 것이다.

운전은 그렇게 인간으로 하여금 동물의 본능을 드러내게 하고 있다. 아마 신들이 보고 있다면 지구인들 때문에 심심하지는 않을 것이다.

신들이 개입하기 전에 인간들 스스로 자중하고 자연의 순리를 지켜야 할 것이다. 운전은 자기가 편하자고 하는 것이지만 그 옆에 자기와 같은 생각으로 운전하는 타인을 도와주고 있다고 보아도 된다.

운전! 내가 편해지려면 남을 먼저 배려하는 것이고 남을 배려하는 것 같지만 내가 편해지는 것이다.

정지거리의 기준법

도로를 달리는 모든 것은 수학적인 공식의 움직임과 인간의 심리적인 작용으로 움직인다는 것이다.

☞ 도로운전= 수학적인 공식+심리적인 작용

예를 들어보자. 400kg의 승용차가 80km로 달리면 15의 각도가 있는 커브를 돌 때, 커브가 보이는 몇m 전에서 가속페달을 떼고 감속페달(브레이크)을 어느 정도의 힘으로 몇 초 정도 밟아야 하는가. 핸들은 어느 정도로 돌리며, 심리전에서 왼쪽과 오른쪽의 주행하는 차량이 어느 때 끼어들지 생각하며 긴장하고, 앞 차량이 언제 차선변경을 할지, 뒤에 오는 차량은 언제 앞으로 추월해서 나갈지 고려하며, 옆에서 주행하던 차량이 자기 차선으로 갑자기 급 차선변경을 할지 긴장하면서 운행해야 비로소 도로교통 안전 운전수칙에 들어간다는 것이다.

정지거리의 기준법은 공주거리와 정지거리를 합산한 것이지만 실전 운전에서는 공주거리 외에 눈의 거리가 있다.

공주거리란 사물을 보고 브레이크를 밟는 순간까지의 시간이고 정지거리란 브레이크를 밟아 자동차 바퀴가 멈추면서 자동차가 정지하기까지의 거리를 말한다.

눈의 거리란 위험을 감지하여 공주거리로 넘어가기까지의 거리를 말하는 것으로서 프로일수록 공주거리보다 눈의 거리에 더욱 힘을 기울인다.

눈의 거리는 경력이나 경험이 많을수록 그 거리는 늘어나게 되어있다.

자동차가 달리면서 정지하는 것은 공주거리와 정지거리를 합산하여 운전자가 사물의 위험을 감지하고 정지 페달을 밟아 자동차가 정지한 자리까지의 거리를 말하며 80km의 정도의 속도로 주행 시 앞차와의 안전거리는 대략 60~80m이고, 급정지 시는 공주거리를 빼고, 40~50m에 달한다.

결론적으로 안전하게 정지하거나 급정지하든 정지거리는 기준을 크게 넘어서지 않는다는 것이다.

여기서 중요한 것은 정지거리, 공주거리가 아니고 바로 눈의 거리이다. 위험을 감지하는 눈의 감각이 얼마나 빠른가에 따라서 공주거리와 정지거리가 짧게 또는 길게 만들어진다는 것이다. 즉! 전방에 보이는 거리를 멀리 넓게 보면 볼수록 사고를 피할 수 있는 여유가 많아진다는 것이다.

예를 들어 같은 차종, 같은 속도에서는 앞차가 급정차 한다고 해도 뒤에 차량은 전방주시태만이 아니면 앞차를 추돌하지 않는다는 것이다.

다른 차종이 보이는 전방 다른 차선에서 갑자기 끼어들기를 해도 사고가 날 확률은 매우 낮다.

다른 차선으로 끼어드는 차량은 달리던 속도보다 감속하여 끼어들기 때문에 공주거리에 대처할 수 있는 여유가 생긴다는 것이다. 하지만 신호가 있는 도로에서 녹색신호일 경우 앞차가 왼쪽이나 회전을 목적으로 갑자기 정지하면, 뒤차 경력과 무사고에 상관없이 앞차를 추돌 안 하려고 핸들을 왼쪽이나 오른쪽으로(1, 2차로에서는 대부분이 왼쪽으로 돌린다.) 돌리면서 급브레이크를 밟는 것이 운전자가 할 수 있는 전부다.

초보자나 운전자가 반드시 알아야 할 것은 신호가 있을 시 내가 골목이나 회전을 목적으로 정지하거나 차량을 회전할 때는 반드시 먼저 속도를 서서히 줄이고 그다음엔 비상깜빡이를 켜서 정지하거나 회전해야 한다.

특히 뒤에 오는 차량이 화물이나 버스처럼 대형이면, 신호가 녹색인데 정지하거나 회전 할 목적에 갑자기 정지한다면 그 운전자는 장기병원환자가 되거나 영정사진을 걸어놔야 할 것이다.

운전하면서 어떤 운전자가 녹색신호에 정지하거나 회전한다고 했을 때, 뒤에 오는 운전자는 녹색신호를 보고 운전하지, 앞 차의 운전자가 '이럴 것이다. 저럴 것이다.'고, 앞 차량 운전자의 심리까지 생각하며 운전하지는 않는다는 것이다.

1. 같은 차종끼리 같은 속도에서는 앞차가 급정거하여도 사고가 일어날 요소는 매우 적다. 앞차가 80km로 주행하고 그 차 뒤를 좁은 간격으로 붙어서 주행 중 앞차가 급정거해도 같은 속도로 주행했다면 안전거리 미확보로 사고를 일으키지는 않는다.

내차가 밀려서 정지하는 만큼 앞차도 내차 만큼 밀려서 정지하기 때문이다.

2. 다른 차종의 차가 같은 속도에서 보이는 전방의 다른 차선에서 갑자기 끼어들어도 사고확률은 매우 낮다.

다른 차종이어도 보이는 전방에서 끼어들 때는 끼어드는 차량은 속도를 늦추면서 들어간다. 그래서 같은 속도로 주행 중이어도 보고 있는 상황에서 끼어드는 차량과 추돌할 가능성은 낮다.

골목에서의 끼어들기

사고의 요점은 운전자가 대처할 수 없는 상황에서 사고가 날 때뿐이다.

3. 같은 속도라 하여도 차종과 인원과 무게에 따라서 정지거리는 달라진다.

4. 같은 속도라 하여도 같은 차선으로 가지 않는 것이

운전자의 습관이다. 인간은 같은 수준이라 생각이 들면 자기보다 앞서 가는 것을 싫어한다.

5. 같은 속도로 주행 중 녹색신호에 앞차가 급정거하면 신이라도 막지를 못한다. 뒤차는 신호를 보고 가지 앞차 운전자의 마음을 읽으면서 가지는 않는다.

한국의 도로교통법규의 민법과 형사법은, 운전자의 심리적 변화에 따른 앞차의 신호위반법규는 (급회전, 포함) 뒤차가 앞차를 추돌하면 앞차에 더 많은 과실을 부과해야 올바른 법규가 될 것이다.

*녹색신호 중 1차로로 앞서 달리던 차량이 갑자기 정지, 중앙선 침범을 해서 반대차선으로 회전하는걸, 그 뒤를 따라 가던 차량이 앞 차량이 정지한다고 판단, 피하려고 핸들을 돌리며 급정지했으나 앞 차량을 추돌했을 때, 교통법규는 신호위반과 중앙선 침범을 한 앞 차량보다 정지거리를 두지 않았다는 이유로 뒤 차량에 더 많은 과실을 묻고 있다.

*좌회전(동시 유턴)하는 곳에서 좌회전과 동시 회전 신호를 받고 회전하는데, 횡단보도 신호위반과 보행자 보호 의무를 무시하고 우회전하는 차량과 추돌했을 때, 교통법규는 신호위반과 보행자 보호 의무를 위반한 우회전 차량의 증거 불충분 때문에 옆면을 추돌한 회전 차량에 더 많은 과실을 묻고 있다.

자동차는 기계이기 전에 사람이 조작하는 것이다.

자동차의 도로교통법규는 사람의 심리적인 변화에 따른 순간적인 판단의 실수도 도로교통법규에 적용을 첨가해야 할 것이다.

인간이 아닌 동물도 심리전을 쓰는데 인간이 기계를 조작하면서 사고를 유발하는 것에 법규만 적용한다는 것은 불규칙하다는 생각이 든다.

한국의 자동차 사고의 법규도 시대의 적응에 맞게 고칠 건 고치고 다듬을 건 다듬어서 선진한국의 교통문화로 발전시켜야 할 것이다.

개인택시의 면허취득도 대형면허를 취득한 자에 의한 여객버스운송업체에서 3년 이상 무사고와 택시수송업체에서 7년 이상의 무사고 운전기사에게 부여해야 한다고 주장하고 싶다.

세금을 감면하기 위해 자기 차량에 렌터카의 '허'자를 붙이고 다니는 차는 차주를 처벌하기보다는 렌트카 영업소의 영업을 정지를 시켜야 한다.

10. 운전의 심리 작용 법

  운전하다 보면 어떤 장소, 어떤 차량에 의해서 자신도 모르게 예측하게 되는 경우가 있는데 이런 경우를 직업의 심리작용(텔레파시)이라 하겠다.

  그 직업에 오랜 경륜이 쌓이면 그런 예감이나 예측이 더욱 짙게 나타나는데, 특히 같은 동질류에게서 더욱 강하게 느껴진다. 즉, 형사가 범인을 찾을 때, 그곳에 있을 것 같은 예감이나 실험 연구원이 동물들을 상대로 한 실험이 이번엔 성공할 것 같은 예감, 운전자가 앞에 가는 차가 갑자기 돌릴 것(유턴) 같은 예감이나 예측은 그 직업이나 일에 짧게는 3년 길게는 10년 이상이 되면 그 변화가 강하게 나타나는데 장소(부처)를 옮긴다 해도 같은 부서 같은 일을 하면 그 예감은 없어지지 않고 지속한다.

  특히 운전에서 그런 직감이나 예감이 더욱 강하게 나타나는데 그것은 사람과 사람이 같은 동질 류여서 더욱 강하게 나타나는 게 아닌가 싶다.

  골목길에서 나오다 좌측에 차가 오는 걸 봤는데 내가 나가면 저 차가 정지했다가 오겠지, 예측하고, 상대 차량은 골목에서 나오는 차량이 나를 봤으니 정지했다가 나오겠지 하고, 서로 엇갈린 생각을 하고 달린다는 가정을 해 보자.

  경험 많은 운전자는 '혹시나' 보다는 '그래도'를 더 옹호하며 정지 페달을 두어 번 밟아 속도를 줄여서 통과한다는 것이다.

  교차로에서 앞서 달리던 차량이 신호가 바뀌었을 때, 대부분다. 그렇지만 앞차는 뒤 차량을 절대로 생각하지 않는다.

초보자는 급정거와 동시 행단보도를 반 이상 침범해도 서 버린다. 숙련자는 횡단보도의 정지선을 넘어서면 신호를 받은 차량의 진입을 수월하게 하려고 좀 더 빠르게 교차로를 넘어가 버린다.

그것이 초보자와 숙련자와의 차이이다.

그런 것은 한두 번 만에 터득할 수가 없다. 수많은 시행착오와 앞 차량의 흐름을 파악할 수 있는 훈련이 필요하다, 그러나 뒤따르던 차량은 앞차가 초보자인지 경험자인지 모른다. 물론 경험 많은 운전자는 알 수가 있다.

교차로에서 적색인데도 통과하는 차량과 급정차하는 차량

또한, 앞차와의 정지거리가 없을 땐 예감이나 예측은 실로 대단한 두뇌와 육체의 결합체이다.

'과연 저 앞차가 급정거할까? 그대로 교차로를 통과할까?' 하는 순간에 그 예감이나 예측이 빗나갔다면 교통사고는 일어날 수도 있고, 운전자들은 운수가 없다거나 상대방 때문이라며 책임을 떠넘긴다.

위기를 넘기면 운수가 좋았다거나 자신의 운전기술을 자랑

한다. 그런 예감이나 예측, 직감 등 여러 가지 말들이 있지만, 운전에서는 다 똑같은 말이다.

그 직업에 오래 종사하고 그 기술에 오랜 경험이 쌓일수록, 육체는 생각에 앞서 그 일의 정확도를 눈을 감고서도 할 수 있을 정도의 능력을 부여한다.

인간의 육체는 같은 일을 계속해서 반복하게 되면 뇌와 하나가 되어 육체가 그 일을 하는 동안에 뇌가 다른 생각을 해도 육체는 그 일을 계속할 수 있는 능력을 발휘할 수 있다.

뇌가 육체를 움직이는 것은 맞지만 이런 경우는 육체가 뇌와 분리가 되는 또 다른 제3의 현상이다.

우리는 이런 사람들을 달인, 또는 장인이라고 부른다.

이론이 아니라 육체의 노동에서 오는 숙달이라고 보면 될 것이다. 운전의 심리작용은 운전대를 잡는 순간 이미 시작되고 있다.

신호등이 동물본능을 가진 운전자의 마음을 급하게 만들면 사고를 일으키게 된다. 어느 도로를 가다 보면 이쪽 신호는 초록 불인데, 그다음 만나는 신호엔 적색 불이 켜져 있는 것을 볼 수가 있다.

사람의 심리작용은 그런 데서 일어난다.

이 신호를 위반해서 넘어가면 건너 신호는 녹색불 이기 때문이다. 도로 위의 차량은 물결이다. 그 물결을 막으면 사고와 직결된다. 그런 곳의 신호등은 일직선이면 끝에서 끝 까지 전부 한 신호로 이어져야 한다. 그리하여 운전자들도 넘어가 봤자 더는 진행할 수 없다고 포기하게 하여야 한다.

일부 관료들은 꼬리 물기를 내세워 논의하는데 꼬리 물기도 심리작용의 한 부분이다.

사고가 유난히 자주 일어나는 도시를 가면 영락 없이 신호체계가 맞지 않는 것을 볼 수 있다.

그런 곳에 거주하는 운전자를 보면 양보가 없고 밀어붙이기식 운전에 마음의 여유까지 없는 것을 볼 수 있다.

그곳의 구와 시의 장은 서민의 그런 모습까지도 볼 수 있는 자세가 되어야 한다. 차선도 마찬가지다.

어느 도로를 가다 보면 직진 선상에 좌회전 전용차선이 그려져 있는데 좌회전 차량은 몇 대 지나가지 않는 것을 보면 그 동네의 높으신 분이 사용하는 차선이 아닌가 싶다.

그런 곳의 좌회전 전용차선은 직, 좌 차선으로 만들어 차량 흐름을 원활하게 해야 한다. 교통사고는 사람의 심리작용으로 일어나는 미세한 부분까지도 운전에 방영해야 한다.

버스정류장

없어지면 생겨나는 것이 있고, 생겨나면 없어지는 것도 있다. 그러나 정류장의 모습은 50년 이전에 생겨난 이래, 길과 건물이 생겨서 정류장도 늘어났지만, 없어져도 될 정류장이 겹쳐져서 어떤 곳은 정류장 지옥이 되어 버린다.

100m 직선 도로에 버스정류장이 5, 6개가 있는 곳도 있다. 모든 것을 한꺼번에 이룰 수는 없다, 묶여 있는 실타래를 풀어 나가려면 실 한 가닥이라도 찾아 푸는 것이 순서이다. 풀다가 더는 풀리지 않으면 그때 끊고서 다시 풀면 되는 것이다. 우선은 푼다는 것에 중요성을 부여하고 싶다.

- 버스정류장은 시내에서는 100m 시외에서 200m 이내에는 겹치게 설치해서는 안 된다.
- 버스정류장은 간선과 지선, 고속, 통근버스를 분류해 설치해주어야 한다.

- 버스정류장은 교차로(삼거리, 사거리) 부근 100m 이내에는 설치해서는 안 된다.

- 버스정류장 30m 내에는 그 어떤 차량도 주, 정차 못 하게 별도의 시설로 만들어야 한다.

- 교차로 좌회전 버스는 좌회전하기 전 50m 이내의 버스정류장에는 정차하게 해서는 안 된다,

- 버스정류장에는 간선(광역버스)과 지선(시내버스, 마을버스)을 분류해 장기간 기다리는 승객에게 비나 바람도 피할 수 있는 편의시설을 설치해야 한다.

- 지하도나 육교를 설치할 때는 버스정거장을 50m 자리 이동하여 설치하고 버스정류장과 복합 설치하면 안 된다. 아무리 주, 정차 시설이 없어도 인도에다 주, 정차하는 차량은 재력과 권력을 불문하고 반드시 견인하는 관공서가 되어야 한다.

금지구역에서 주차와 인도 주차차량들

주, 정차 단속은 소리소문없이 경고 없이 이루어져서 경각심을 유발하고 주, 정차 과태료를 자동차세에 별도 전입시켜

납부하게 해야 한다. 주, 정차 과태료를 많이 발부받아 감면 혜택을 주는 것을 정부는 더 이상 하면 안 된다. 소리 없이 할 수 없다면 주, 정차 단속은 카파라치에게 맡기면 된다.

화물차의 야간 주, 정차도 카파라치에게 맡기면 관공서의 주, 정차 단속원을 다른 일에 투입하고 찍어온 사진을 토대로 소유주에게 이의신청할 기회를 주고 이의가 없으면 그때 보상금을 지급하면 된다.

법규를 위반한 것, 뿌린 데로 거둬들여 도로에 재투자해서 서민들 세금을 조금이나마 줄여주어야 한다. 5층 이상 건물을 올릴 때는 입주자의 자동차가 모두 주차할 수 있는 주차장을 확보해야 한다.

점포를 허가할 때는 그 점포 개수에 맞게 주차장이 확보되어 있는지 확인하고 허가해야 한다. 다세대주택이나 연립 주택을 허가할 때도 가구 수에 맞는 주차장이 확보되어 있는지 확인하고 허가해야 한다.

1톤 이상의 화물차나 중형버스, 중장비차량의 차주는 관할관청에 주차장 확인서를 제출해야 등록증을 발급하도록 해야 한다. 주차장의 주차공간과 차량 대수를 엄격히 감독하여 올바른 관리를 해야 한다.

관할관청은 화물이나 탑을 장착한 화물차, 중장비차량이나 건설장비 차량이 도로에 장기 주차 및 밤샘주차 하는 것을 수시로 단속하고, 단속된 범칙금은 자동차 세에 결부시켜, 결정적으로 퇴근 후나 출근 전에 주, 정차 단속을 번거롭지만, 지속해야 한다.

일부 중장비차량이나 건설장비 차량은 주택가나 도로의 주차 선에 주차하지만, 그 주차선은 승용차의 주차선이지 건설장비 차량이나 화물차의 주차선이 아니다.

야간 보이지 않는 대형화물차의 밤샘주차

　골목길 코너에서 대형차의 주차 때문에 좌, 우를 보지 못하고 나오거나 들어가는 차량이 추돌하는 위험도는 주차가 없을 때보다 훨씬 높다.

　중장비차량과 건설장비의 밤샘 주차는 과태료를 더욱 올려야 한다. 주, 정차의 정체는 출근 시간 전대의 현상보다는 퇴근 시간 후, 단속요원들의 철수 후가 더욱 치열하다. 특히 공휴일, 일요일, 토요일엔 시내가 주, 정차의 주차장으로 변한다.

　회전하는 감시 카메라가 제 기능을 못하는 일요일이면 교회나 웨딩뷔페 컨벤션 차량의 집단 도로점령 때문에 관청의 당직 담당자들은 진땀을 흘린다. 주차장의 실수요차량이 장부를 바르게 기재하고 주차에 올바로 참여해야만 선진교통국가로 가게 될 것이다.

　횡단보도를 설치할 때에는 사거리나 삼거리 같은 교차로, 또는 구부러지는 부근에서 최소한 10m 이상 떨어진 곳에 설치해야 한다. 운전자는 전진하는 앞 신호만 보면서 돌지 옆 도로의 상황은 보지 않는 게 사람들의 공통된 심리이다. 요즘의 횡단보도는 교차로(사거리) 각이 지는 곳보다 안으로 들어가서 횡단보도의 선을 그려 넣고 있다. 신호등이 없어도 될 곳은 없애서 국민의 세금으로 낭비되는 전기료를 없애고, 운전자에겐 스스로 심적 신호를 하게 하여 안전운전을 유도해야 한다.

차량이 많이 왕래하여 횡단보도를 건너는 사람들이 위험을 느낀다고 생각되는 곳은 2인용 (2명이 지나칠 수 있는, 너무 넓어도 낭비다.) 육교나, 지하도로를 설치하는 것이 좋다고 본다. 차량도 많고 사람왕래도 잦은 곳은 넓은 횡단보도 대신 지하도로와 2인용 육교를 같이 설치하는 것이 자동차나 사람 모두에게 좋다.

지금의 횡단보도를 보면 교차로에 붙어서 있는데 교통사고의 직접적인 요소가 되기도 한다. 횡단보도는 교차로의 정지선에서 최소한 10m는 떨어지게 설치해야 한다.

그래서 횡단보도의 정지선을 통과한 차량이 신호 때문에 정지할 수밖에 없다면, 교차로의 정지선에서 정지할 수 있게 분류를 해주어야 한다. 또한, 횡단보도의 넓이는 이동 인구를 관찰한 후 폭을 그려야 한다. 이동 인구는 온종일 몇 명에 지나지 않는데 큰 도로라 하여 쓸데없이 폭만 넓은 횡단보도도 있다.

야간교차로에서의 고속통과

출근시간대에만 많고 퇴근 때나 보통 때는 보행자가 적은 횡단보도는 보통 때에 맞춰 폭을 줄여야 한다. 육교나 지하도로를 설치할 때는 계단식보다는 유모차도 다닐 수 있게 한다.

인도를 막아버린 육교

간혹 육교에 계단이 아닌 평교가 있지만, 경사가 높아 유모차나 장애인 휠체어가 올라가지 못하고 인도의 폭만 줄여놓은 육교도 있다.

지하철역 지하도에는 노인이나 장애인 엘리베이터가 설치되어 있지만, 그것이 노약자나 장애인들에게 공감을 얻을지는 두고 볼 일이다.

지하도를 여러 군데 다녀보았지만, 장애인 전동차나 유모차가 다니게 한 지하도보도는 보지를 못했다. 그런 것들이 개선되어야 앞으로 정부가 자동차사고 왕국에서 사고 없는 선진국으로 가는 가장 빠른 길이라고 감히 말하고 싶다.

양보!

필자는 운전하면서 양보의 의미를 알기까지 오랜 세월이 흘렀다. 그것은 운전에서만 적용되는 것이 아니다. 가정과 사회,

친구와 동료에게까지 유용하고, 나 자신에겐 지적 여유로움까지 갖게 하는 것이다.

한국의 운전문화는 조선 말기 일제에 의하여 (차가 우선인 운전) 전수된 거나 다름없다.

격동의 시절인 남, 북 전쟁 후에 미국문화(사람이 우선인 운전)의 영향을 받은 운전이 지금까지 왔지만, 이미 일제의 운전문화가 깊이 물들어버린 한국의 운전습관은 아직도 왼쪽통행을 습관화하고 있다.

일제에 의하여 만들어진 잘못된 운전습관(빨리빨리 문화, 권력, 재력이 우선인 운전) 은 다시 고치려 해도 많은 시간을 허비할 수밖에 없다.

양보는 작게는 베푸는 것이고 크게는 자신을 희생하는 것이다. 양보는 육체적인 행동으로만 나타나는 것이 아니고 말(언어)로도 나타난다.

우리는 물이 옹달샘에서 바다로 흘러가는 것만 시로 노래하지 정작, 옹달샘으로 올라오는 물의 생성 과정은 생각하지를 못한다.

물이 옹달샘에서 바다로 흘러가기까지보다, 나무가 썩어 물이 만들어지기까지가 더 오랜 세월이 흐른다는 것을 모르는 이는 없을 것이다.

양보는 물이 흘러 바다로 가는 과정도 되지만 더욱 깊이 들어가면 물이 되어가는 과정이라 생각해도 틀린 말은 아니다.

보이는 것이 아니라 보이지 않는 곳에서의 실전운전은 나 자신을 한결 더 만족하게 한다.

운전은 어울려서 하는 것이다. 혼자 하는 것은 운전을 처음 배울 때의 필기시험 준비뿐이다.

아울러 상대가 잘못해서 내 차에 흠집을 냈어도 곰곰이 생각해 보면 내게도 분명히 잘못이 있다는 것이다. 그것을 모르는 사람은 면허증을 불법으로 취득했거나 무면허 운전자, 이륜차의 운전자뿐이다.

자신의 잘못은 돌아보지 않고 목소리만 큰사람은 지금보다 더 큰 불상사가 반드시 일어난다.

그때는 내가 잘해도 피해자요, 내가 잘 못해도 피해자이다. 그렇게 교통사고는 가해자는 없고 쌍방 모두가 피해자가 되는 것이다. 운전이란 정의를 내린다면? 운전은 내가 편하기 위해 하지만 실상은 남을 위한 배려(양보)로 인하여 내가 편해(여유로워)지는 것이라고 보면 된다.

이글을 억설이라 말하는 사람도 있을 것이다. 특히, 시간을 다투며 일하는 사람이 그럴 것이다.

그러나 운전을 끝내고 일과를 차분히 생각해 보면 아찔한 순간들이 몇 번은 있었을 것이다.

그때 내가 이렇게만 했어도, 내가 이렇게만 안 했어도, 상대차가 분명히 잘못했지만 내가 이렇게 했기 때문에 사고가 안 났다고 생각할 것이다.

그렇다면 처지를 바꿔서 생각해 보면 어떨까? 내가 잘못을 했고 상대가 나 때문에 가슴이 철렁하면서도 사고 날 것을 막아줬다면?

운전이란 그런 것이다. 내가 이런 생각을 하면 상대도 나와 같은 생각을 한다는 것이다. 사고는 그럴 때 일어나는 것이다. 법규에서는 그런 것들을 예측운전이라 말한다. 그러나 그런 상황에서도 배려(양보)하는 마음만 있으면 사고는 일어나지 않을 수 있다.

버스 전용차로에서의 차선추월

버스전용차선의 추월버스

인생이란?
헤어질 수는 있어도
돌이킬 수는 없는 것!   (秋山)

술

상기된 나를 보고도
너는 어찌
웃기만 하느냐

네 입술이 다가옴에
내 몸은 벌써부터
흥분되어 떠누나

한 번의 네 입술로
멍든 마음이 녹아내리고

멀리해야지 하면서도
너를 탐하는 내가
바보 같지만

지금 이 순간만큼은
너만이
나의 진정한 벗이로다

[秋山]

11. 운전사고의 발생

운전사고는 세 가지에 의해서 일어난다.
1.본인의 부주의   2.상대방의 실수   3.제3의 방해요인

☞ 본인의 부주의

▶음주운전

▶과속

▶신호위반

▶중앙선 침범

▶전방주시태만

▶안전거리 미확보

▶끼어들기

▶차내의 환기

☞ 상대방의 실수

▶음주운전

▶과속

▶신호위반

▶중앙선 침범

▶불법 유턴

▶급제동

▶끼어들기

▶역주행

▶주의 산만

▶차내의 환기

☞ 제 3의 방해요인

▶천재변화
▶주, 정차 및 고장 차
▶이륜차(오토바이, 자전거)
▶인라인스케이트
▶무단횡단 자, 장애인과 전동차
▶미화원,
▶새벽에 운동하는 사람들
▶동물들
▶도로 노면 불량
▶타이어펑크
▶취객 등

운전 사고에는 발생요소 말고도 원인제공이 있다. 중요한 것은 원인제공자는 처벌할 수 있는 단서가 없으면 무혐의가 된다는 것이다. 원인제공자를 여기서는 다른 말로 보균자라 부르고 다른 피해자를 전염 자와 감염자로 구분한다.

가장 많은 보균자(원인제공자)의 하나가 바로 주, 정차때문에 직진하던 차량(전염자)이 차선변경을 하다 추돌하는 경우다.

이때 주, 정차돼있던 차량의 증거를 확보하지 못하면 주, 정차했던 차량은 빠지고 피의자와 피해자만 있을 뿐이다.

원인제공자는 바로 주, 정차되어있던 차량(보균자)인데도 정차된 차를 피하려고 차선을 변경해서 뒤차를 방해한 차(전염자)가 가해자가 되어 모두 뒤집어쓴다. 또한, 원인제공자를 확보했어도 그 원인제공자에게는 가벼운 처벌만 있을 뿐이다.

사고의 주원인인 원인제공자 때문에 가해자와 피해자가 생겼는데, 그 차가 그곳에 없었다면 피해자도 가해자도 없었을 텐데 말이다.

한국의 자동차 법률은 원인은 없고, 결과만 있다.

새로운 정부, 내일의 정부에서는 주, 정차 원인과 보균자(원인제공자) 때문에 사고가 발생하면 주, 정차로 있던 보균자 차에 과실을 50% 적용하고 가해자에게 30~40%, 피해자에게 10~20%를 적용해야 한다.

그러나 모든 사람이 생각하는 경우는 제각각 다르다. 무단횡단을 하는 사람을 피하려고 앞차가 차선을 변경하다가 사고가 났다면, 원인제공자는 분명 무단횡단자인데 책임은 차선을 변경한 차가 모두 뒤집어쓴다. 그럴 때 주, 정차되어있던 차량이나 무단횡단하던 사람의 신원을 확보하는 사람은 대부분이 없다고 본다.

교통법규에서는 100% 가해자도 없고 100% 피해자도 없다지만, 일방통행에서 역주행 시, 버스전용도로에서 승용차와 오토바이 주행, 육교나 횡단보도 50m 내에서 무단횡단 사고, 음주운전사고, 역주행, 직진 차량을 막고 우회전(골목포함) 차량이 급 차선 진입, 같은 차선주행 중 녹색신호, 고의로 급제동했을 때에는 뒤차 운전자의 생명을 위협하는 행위로 반드시 100% 과실 책임을 지게 해야 한다.

물론 같은 차선으로 주행 중 안전거리를 확보해야 하겠지만, 심리적인 요소가 교통법규에선 배제된 것이 문제다.

어떤 상황, 어떤 장소에서든지 모든 운전자의 심리는 앞 차량을 보고 주행을 하고 신호가 있다면 신호를 보고 주행을 하지 '앞차가 녹색신호인데도 정지할 것이다.'라고 예측하면서 주행하는 운전 자는 한 명도 없다는 것이다.

주, 정차할 수 있는 곳이 없는 것은 아니다. 때에 따라서는 부득이하게 주, 정차할 수밖에 없는 상황도 있다. 그런 원인제공 때문인 자잘한 사고는 주, 정차 외에도 즐비하게 많다.

짐을 실어놓고 새벽에 떠나려고 주택가나 아파트, 대로나 소로 할

것 없이 야간 정차를 한 화물차량들, 특히나 적재함 밖으로 튀어
나온 물건들은 야간에 달리는 차량이나 행인들에게 매우 위험한
데도 '조금 있다 출발할 텐데' 하고 아무런 표시나 조치 없이
들어가서 휴식을 취하는 것은 무책임하다.

아파트 도로 앞의 밤샘화물차

골목에서의 끼어들기

　골목 소로에서 대로로 진입할 때 정지하지 않고 튀듯이
끼어들어 직진하던 차량끼리 앞, 뒤차가 추돌하게 하는 차량,
특히 화물차나 대형버스가 오는 게 보이면 승용차들은 대형차가
느리다는 생각만으로 주저 없이 끼어드는데 그럴 때마다
대형차기사들은 흰머리가 하나씩 늘어나고 맥박은 잠시 휴가를

다녀온다.

　승용차가 80km로 달리나 화물차가 80km로 달리나 속도는 같다는 것이다. 그러나 승용차보다 화물차의 정지거리가 더 길다. 화물차가 사고가 났을 때는 승용차 사고의 세배는 피해가 크다. 대형화물차나 버스를 추월하려면 기어 5단을 넣기 전에 추월해야 한다.

　기어 5단을 넣은 후의 버스는 승용차와 같은 속도로 진행하기 때문이다. 대형차가 출발해서 5단 넣기까지의 거리는 빠르면 100m 느리면 200m 안에 모두 이루어진다. (여기에서 5단이라 함은 속도의 탄력을 받기 전까지를 말한다.) 그 안에 끼어들기나 추월을 하고 그 이후엔 상황에 따라 안전을 확인한 후에 예의를 갖추어 끼어들기나 추월해야 한다.

　주, 정차. 나 때문에 내 가족이 교통사고가 일어난다면 당신은 차량을 아무 조치 없이 내버려두겠는가? 조금 있다가 갈 것인데 하고 자기 일을 보거나, 우측 깜빡이(방향지시등) 또는 비상 깜빡이(비상등)의 조향장치를 작동하고 일을 보기도 한다. 고단 수를 써서 본 네트를 열어놓아 고장 차량처럼 꾸미고 일을 보는 운전자도 있다.

주차금지구역의 장기 정차

여러분은 이럴 때 어떤 조치로 주, 정차 표시를 해 놓고 일을 볼 것인가?

자동차를 운전하면 누구나 조금이라도 걸어가는 걸 싫어한다. 몇 걸음만 가면 주차장이고 몇 걸음만 가면 목적지인데 기어코 그 목적지 앞까지 차량을 끌고 가서 주, 정차하고 다른 사람이나 차량은 상관없이 자기만 편하면 그만이다.

그런 사람은 (대부분 다 그렇지만) 다른 차량이 그렇게 하면 클랙슨을 울려 대고 고함을 치며 그냥 지나치는 법이 없다.

자동차를 운전하다 사고 나는 경우를 자주 보면서 지나칠 때가 있다.

그런 경우 대부분 인명피해가 크고 대물의 견적이 많이 나오면 교통법규를 위반한 본인의 부주의에 의한 사고가 대부분이고, 반면 가벼운 사고는 서로 자기 생각만 하다 사고가 나는, 양보가 없어 생기는 사고이다.

택시나 버스, 화물차나 승용차를 타고 가다 무단횡단 하거나, 차량 사이로 지나가는 법규위반자를 보며 그들을 욕하지만, 운전자들도 차에서 내려 걸어가다 조금만 급하면 그들 또한 법규를 위반하고 무단횡단을 한다는 것이다.

왕복 8차선에서의 무단 횡단 자

'양보!' 그것은 차를 타든 걸어가든 모두가 똑같은 생각을 해야 한다는 것이다.

교통사고를 사전에 예방하기 위해 우리 정부나 사회도 조금씩 양보를 하고 정정할 건 정정하고, 새로 고칠 건 고치고, 다듬을 건 다듬어서 새로운 한국을 창조해 나가야 할 것이다.

"사고가 나게 유도하는 것이 아니라면 그렇게 사고가 자주 날 수가 없다!" 그것이 필자의 생각이다. 그렇다면 잘못된 위험 요소를 사전에 없애든지, 고쳐서 재차 사고가 날 가능성을 사전에 원천 봉쇄하는 일을 정부가 해야 할 것이다.

'교통사고 세계 1위'라는 한국의 치부를 국가가 고치고 다듬어서 '교통 무사고 세계 1위'의 국가로 전환해야 한다.

교통사고가 일어날 수 있는 사고에서 실타래를 푸는 첫 번째일 수도 있고 이미 다른 나라에서 시행하고 있는 일을 참고한 필자의 의견이다.

시내버스의 속도는 60km 이하로 제한하자.

정비공장에서부터 규제와 법률로 정하여 버스 기사들의 배차시간의 조급함과 주주들의 수입 배당업무를 기사에게 부여한 장부 기재에서 완전히 벗어나게 하자.

광역버스와 일반화물차의 속도는 80km 이하로 규정하여 법률로 정하고 도심을 벗어난 화물차 기사나 대형 버스기사들의 난폭운전의 시발점을 사전에 차단하자.

고속버스와 택시는 100km 이하로 규정하여 법률로 정하고 대형차량의 과속 때문에 일어나는 대형교통사고를 사전에 차단하는 것이 정부를 따르는 시민의 공통된 바램일 것이다.

또한, 횡단보도는 우측보행으로 바꿔서 유도하고 있지만, 일본식의 문화가 아직 물들어 있는 좌측보행의 문화는 좀처럼 바꿔지 않고 있다.
  정부는 앞으로 보행문제로 교통사고가 일어나지 않도록 이른 시일 안에 모든 학교나 회사에서 강의나 매체를 통해 우측 통행의 중요성을 적극 알려서 자동차와 행인 간의 엇박자가 더 이상 나지 않게 교통문화를 바로 잡아야 할 것이다.

질서 없는 통행의식

  *자동차가 달리다 정지했을 때, 정지선을 넘어서 정지했다면 좌측으로 가던 행인은 다치고 우측으로 가던 행인은 무사할 것이다.

  정지선은 흰 선에서 위험선으로 노란 선 2줄로 바꾸고 횡단보도가 있는 정지선은 턱이나 요철, 점철로 만들어 과속을 사전에 방지하여 보행자의 안전을 보장해야 한다.
  정지선과 보행자, 횡단보도와 거리는 최소한 3~5m 이상으로 하되, 그중 정지선 안쪽, 횡당보도에서 1m 이상은 자전거가 횡단하는 도로로 지정, 파란색으로 표시해서 자전거와 오토바이 주행에서 보행자의 안전사고를 예방 해야 한다.

횡단보도 행인들을 막고 정차한 차량

　중앙선을 침범하여 사고 나는 것보다 더 위험한 것이 횡단보도를 건너는 행인을 위협하는 신호위반이다.
　* 위 사항은 차량이 많은 이 시대에 필히 해야 하는과제이다.
　사고원인 중에 다른 하나는 환기로 인한 교통사고다. 여름이나 겨울철, 에어컨이나 히터 때문에 자동차안의 산소 부족으로 정신이 혼미해져서 사고를 일으키는 것인데, 아직 환기 때문에 산소부족으로 사고가 일어난 것은 교통사고와 연결해 조사한 예가 없다고 본다.

　차나 배를 타면 멀미를 하는 사람이 있는데, 그것은 그 사람이 생활하던 장소의 산소와 변화된 장소에서의 산소량이 틀리기 때문에 뇌에 공급되는 산소의 양 때문에 사물에 대한 판단이나 계산이 흐려진다는 것이다.
　바닷가에 살던 사람이 높은 산을 오르면 숨이 더 빨리 차오르고, 높은 고지에서 있던 사람이 낮은 곳으로 오면 두통이 심한 것도 산소의 변화 때문이며, 뇌에 공급되는 산소가 조절되지 않아서다.

146

택시나 버스 운전기사는 겨울이나 여름철, 특히 승객이 많은 아침 출근 시 밀폐된 장소에서 장시간 근무하다 보면 산소부족 현상이 나타난다.

운전자의 상황판단이 흐려짐으로 사고를 가져올 수가 있다. 이러한 결과는 사고 운전자의 말을 들어보면 알 수가 있다.

신호를 기다리는 상태나, 주행하는데 끼어드는 차를 보지 못했다든지, 횡단하는 행인을 보지 못했다는 이해가 안 되는 상황에서 사고를 내고, 당시의 상황을 횡설수설하며 변명을 늘어놓는 경우이다.

어떤 운전자는 앞차와 접촉할 정도가 되어도 정지 페달을 밟아야지 하는 마음과 달리 맥없이 그냥 추돌하는 경우가 있다. 사고는 버스에서도 많이 일어난다.

특히 비나 눈이 오는 날에는 방송에서 "20%로 감속운행해라." 50% 감속 운행하라며 안내방송을 한다.

하지만 승객을 싣고 다니는 여객버스 회사에서는 말로는 천천히 안전운행을 지시하면서도 정작 운행횟수는 줄여주지 않는다. 그러니 어떻게 천천히 운행하겠는가?

관청에서는 그런 점을 고려하여 기사들의 조바심을 풀어주고 여유롭게 운행하도록 해야 승객의 안전을 높일 수 있다. 그렇게 되면 횟수를 시간에 맞춰 운행하는 버스 기사들이 비나 눈이 오는 날에도 과속이나 난폭운전을 하지 않게 될 것이다.

자연스럽게 다른 승용 차량과의 추돌로 이어질 확률도 낮아질 것이다.

일부 시에서는 킬로 수를 맞추기 위해서 일이 끝나고 나서도 실내등을 끄고 횟수를 맞춰 운행하는데, 그 운행하며 낭비하는 경비는 틀림없이 국민의 세금이 포함된 것이리라.

　운전기사들의 쓸데없는 빈 차량운행과 다음 운행에 따른 누적
된 피로와 위험부담은 결코 좌시할 수 없다.
　미래가 발전되려면 기존의 버릴 것은 버려야 한다. 기존의
것을 바꾸려면 무척이나 힘이 들 것이다.

　그러나 미래가 지금보다 나을 수만 있다면 지금은 힘이 들어도
바뀌어야 할 과제가 아닌가 싶다. 정치인들이 탤런트가 아닌
다음에야 국민을 위한답시고 카메라 앞에서는 열변을 토하지만,
국민에게 감동을 줄 때는 별로 없는 것 같다.
　강가에 수초가 있어야 물고기도 살고 강태공도 있는 것이다.

　결혼은 나를 버리는 것이다.
　자식을 얻는 순간 부부의 사생활은 없다. 　　　（秋山）

 # 12. 프로의 운전기술

　도로를 주행하다 옆 차선의 차량이 자기가 가는 차선으로 끼어들기(차선변경) 하는 것을 감지하였다면 차량을 밀어붙여 못 끼어들게 하지 말고 정지 페달(브레이크 페달)을 밟아 양보하는 미덕을 베풀어야 한다.

　사고는 잠깐의 정신 분란으로 일어나는 것이다. 초보자의 가장 큰 실수는 급정거하는 데 있다.

　교차로를 주행하여 지나치려다 신호가 바뀌면 대부분 서행하여 정지선에 멈추거나, 횡단보도를 지나 교차로에 들어섰다면 교차로를 통과해야 정상적인 운행이다. 하지만 초보자는 정지선이 멀리 있는데도 신호가 바뀌는 순간 정지 페달을 '꽉!' 밟아 그 자리에 멈추어 선다는 것이다.

　초보자는 신호가 바뀌어서 멈추더라도 조금 더 가서 정지선에 서서히 정지하는 습관을 익혀야 한다. 여기서 교차로 통행방법에 대해 실전 운전기술을 알고 가자.

　교차로 통행을 할 때에는 어느 곳 어느 장소이든지 속도와 관계없이 우선 진입 전에 가속페달에서 발을 내려놓는 습관부터 들여야 한다.

　정지 페달을 한, 두 번 밟고 지나가는 것도 안전하게 통과하는 효과적인 운행방법이다. 신호가 초록색으로 바뀌었다고 무조건 출발하지 말고 신호를 받고 진입하고 남은 그 뒤에 차량까지 눈여겨보고, 우측의 차량을 주시하면서 출발하는 습관을 지녀야 한다.

만약 신호가 바뀌었는데도 우측 차량이 출발하지 않는다면 그것은 그 차량 앞으로 미처 건너지 못한 행인이 지나가거나 반대로 간다는 뜻이다.

급출발의 위험은 바로 그런 때에 생기는 것이다.

그런 우측의 위험을 막기 위해서는 신호대기의 정지선이나 횡단보도의 정지선을 우측 인도에서부터 (계단식으로) 만들어야 한다는 것이 필자의 생각이다.

운전대에 앉으면 안전띠부터 매는 습관을 들여야 하며 핸들을 돌리기 전에 깜빡이(지시등)를 켜는 습관이 몸에 배어야 한다. 또한, 운전자들이 제일 지키지 않는 것 중의 하나가 좌회전이나 우회전할 때, 특히 우회전 시, 직진이나 신호를 받고 좌회전하는 차를 저지시키고 먼저 가려 하는데 가장 나쁜 습관이며, 가장 사고가 자주 나는 순간이다.

교차로(삼거리나 사거리)에는 횡단보도가 설치되어 있다.

우회전하는 차량이 신호 받고 가는 직진 차량보다 먼저 가려고 무리하게 우회전할 때 잘못되면 횡단보도로 통행하는 행인까지 피해를 주는 불행을 가져오는 결과가 생길 수도 있다.

즉! 직진하는 차량보다 빨리 돌려는 심리작용 때문에 직진하는 차량만 보지, 우측에서 차도로 1m 들어와서 초록불만 기다리는 마음 급한 행인과 횡단하는 보행자는 미처 못 보고 사고를 일으킬 수도 있다는 것이다.

우회전하는 차량은 신호를 받고 직진하는 차량을 전부 보내주거나, 반대쪽에서 신호 받고 좌회전하는 차량을 전부 보내준 다음, 횡단보도를 통행하는 행인을 확인하고 나서 우회전을 해야 안전한 도로가 편성되는 것이다.

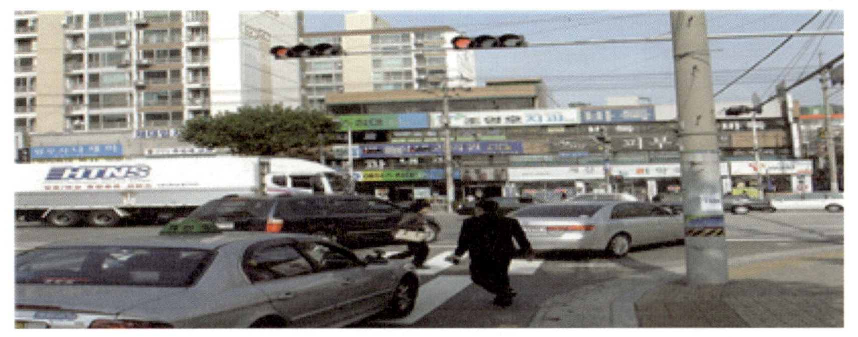

횡단보도 건너는 행인들을 통과하는 우회전 차량들

    차량을 운행하다 식사 후에, 특히 점심 후 운전하며 선글라스까지 착용한다면 조심해야 한다. 짙은 선글라스 일수록 졸음운전의 주범이기 때문이다.

    환절기 때 마스크를 쓰고 운전하는 것도 졸음운전의 원인이 되므로 피해야 한다.

    운전을 하다 보면 전조등을 켜는데, 어떤 운전자는 주위가 어두운데도 가로등 불빛 때문인지 전조등도 켜지 않고 미등도 없이 주행한다.

전조등을 켜는 시간은 계절별로 조금씩 다르다.

겨울철: 오후 4~5시 ~ 오전 8시
봄, 가을: 오후 6~7시 ~ 오전 6~7시
여름: 오후 7~8시 ~ 오전 5시

    이밖에 흐린 날, 비나 눈이 오는 날, 바람이 세게 부는 날에는 전조등을 될 수 있으면 켜고 다니는 것이 앞, 뒤 차량에 많은 도움이 되고 나에게도 안전운전이 된다. 초보딱지는 얼마후에나 뗄 수 있을까? 어떻게 하면 운전을 빨리 배울 수 있을까? 초보운전자들이 궁금해하는 것이다. 하지만 운전은 빨리 배울 수 있는 기술이 아니다. 그런데도 빨리 배우고 싶다면 다음 사항을 잘 기억해야 한다.

1, 운전하는 내가 어떤 사람인지 먼저 알아야 한다.
2, 내가 운전하는 곳이 어떤지를 알아야 한다.
3, 그 흐름 속에서 내가 빨리 적응할 수 있어야 한다.
4, 그 흐름 속에서 돋보이는 존재가 되지 말아야 한다.
5, 자연과 하나가 되어야 하며 자연을 무서워해야 한다.

빨리 배우는 운전자는 몇 달이면 되고 늦게 배우는 운전자는 몇 년이 걸릴 수도 있다. 그러나 그것은 자동차가 도로를 달리는 기간이다. 사람이 자동차와 하나가 되어 초보자의 사회적인 면이 사면되려면 적어도 5~10년은 되어야 한다.

즉, 사계절이 뚜렷한 우리나라의 겨울을 세, 네 번 이상은 겪어야 운전을 배웠다 할 수가 있을 것이다.

운전경력이 얼마 안 된 운전자가 초보메모를 붙이고 운행하는 운전자 보고 웃는다면, 자만해서 웃고 있는 운전자가 더 웃기는 것이다.

지금은 30년 된 운전자도 초보자를 보고 웃지를 않고 도로의 경쟁자로 보고 있다. 그만큼 한국은 80년대와 달라져서 경력자나 초보자나 좁은 땅(덩어리)에서는 운전자 모두가 같을 수밖에 없다.

80년대 이전에는 땅은 넓고 자동차는 작아서 자동차가 원활하게 다닐 수 있었지만, 지금은 인구는 많고 땅은 그대로이다.

좁은 땅덩어리에서 아웅다웅 하다보니 사람들의 감정은 점점 메말라 가고 있다.

152

아마도 인구가 적고 차량도 적다면, 동방예의지국으로 불렸던 한국인의 면모는 좀 더 많은 나라로 퍼져 나갔을 것이다.

뜰 안에서 고고하게 꽃을 피우던 한란(한국의 난)인 조선이 서양문물을 먼저 받아들인 일본의 식민지가 된 치욕과 사상의 대립에 의한 남북 전쟁으로 초토화되면서 들판에 버려졌다.

잡풀과 섞여 난인지 잡초인지 분간도 안 되고 조선인지 한국인지 모를 지금의 시국이지만, 그 속에는 분명히 한란(韓蘭)이 존재한다는 사실이다.

지금의 젊은이들은 모른다.

그렇지만 그들은 보지는 못했어도 주위의 선배들에게 많은 것을 들었을 것이다.

그들이 보는 것은 낡은 종이와 그 종이에 복사해놓은 사진 몇 조각, 그나마 세월이 흐르면 그 종이와 사진들도 하나둘씩 사라질 것이다. 그러나 그 젊은이들의 정신 속에는 분명히 한란의 존재가 깃들여 있다는 것이다.

자연은 그렇게 기억을 잡으려 해도 잡을 수 없는 치매에 걸린 노인들처럼 망각이라는 단어속으로 스며들고 있는 것이다.

과학은 진보되고 있다. 한 곳에 머물면 인간의 진화는 퇴보하게 된다. 앞서 '초보자의 운전습관'에서도 서술했듯이 운전은 암기와 기술을 몸으로 표현하는 운동이다.

그런데 기술만 익히고 암기를 하지 않으면 어김없이 사고를 일으키고, 잘못된 습관이 버릇이 되면 사망까지 가게 된다.

처음 아기가 배우고자 하는 것이 걸음걸이이고, 두 번째가 숟가락 다루기이다.

초보자가 처음 해야 하는 것은 흐름에 흡수되는 것이다. 흐름이 어떤 것인지는 운전자 본인만이 알 수 있으며, 자신이 그것을 스스로 감지해야 운전을 쉽고 원활하게 할 수 있다.

　인간이 자연에 적응해야지 인간이 자연을 조종하려고 하면 재앙을 당한다. 운전은 치매예방에도 탁월한 효과가 있다. 치매는 다양한 원인에 의해 뇌 기능이 손상되면서 일어난다. 그 가운데에서도 두뇌의 손상은 나이에 의해 노화가 진행될수록 더욱 강하게 나타나는데 육체를 덜 사용하고 두뇌 활동만 하던 사람에게서 특히 치매의 확률이 높게 나타나고 있다.

　운전은 육체와 두뇌를 같이 사용하기 때문에 치매예방에 아주 좋은 운동이 된다.

　내 삶은 지금이 있을 뿐이다.
　미래를 바라본다는 자체가 이미
　권태로움이 되는 것이다.　　　（秋山）

13. 대형차를 알아야 운전이 편하다

　승용차를 운전하다 옆에서 대형차가 오면 자신도 모르게 움츠리는 경향이 있다. 그것은 상대 차량이 큰 이유도 있지만 잠재된 적대감 때문에 자신도 모르게 주눅이 들어서 일 것이다.

　그러나 대형차를 알고 나면 오히려 대형차가 소형차에 더 적대감을 가지고 있다는 것을 알 수 있다.

　소형차(승용차를 실전운전에서는 이렇게 부름)가 대형차(여기서는 버스나 화물차 8ton 이상을 말함)를 앞서서 갈 때나 뒤에서 갈 때 취해야 하는 행동들을 살펴보았다. (2 ,5t에서 8t 이하는 화물 중형차로 분류된다.)

　이것은 화물차 운전자라면 모두가 동감하는 것으로 화물차를 운전하지 않으면 절대 모르는 화물차 운전자 만의 속사정이다. 그것은 소형차 운전자들이 도로의 내리막이나 오르막에서 자전거나 오토바이가 불법 운전 하는 상황과 마주쳤을 때의 그 느낌과 같다고 생각하면 될 것이다.

　1, 짐을 가득 실은 대형화물차가 오르막길을 가는데 소형차가 끼어들어 정차하여 대형화물차를 멈추게 하고 자신만 유유히 올라간다.

　화물차 특히 짐을 실은 대형화물차는 언덕을 오를 때 조금이라도 움직여야지 정지했다가는 다시 출발하기가 여간 힘든 것이 아니다.

　대형차가 아니라 1ton 화물차여도 과적한 화물을 싣고 언덕을 올라가다 정지했을 때 다시 출발하려면 매우 힘들다.

　2, 내리막길에서 적색신호를 받아 정지거리를 두고 서서히

정지하는데 그 좁은 틈 사이로 끼어들어 정지해버리는 소형차, 화물차는 과적했을 때, 공주거리가 정지거리에 별로 도움이 되지를 않는다. 서행만이 최적의 안전운전이다. 또 한 가지는 정지거리를 길게 잡아 안전을 유도 하는 것이다.

화물차를 오래하다 보면 자기가 운전하는 차량이 어느 정도의 정지거리를 유지하는지 감각으로 알 수 있다.

그래서 운전자는 그 차량과 물건의 무게를 비례하여 정지거리를 계산하고 정지한다.

그 사실을 잘 모르는 소형차 운전자는 대형차도 소형차와 정지거리가 같을 것이라고 착각해서 서행하며 정지하는 대형차 앞에 겁 없이 끼어드는 것이다.

그런 소형차들은 한 마디로 "죽음에 이르는 지름길로 끼어드는 것이다." 대형차는 그런 경우 끼어들은 차량의 뒤를 받지(추돌) 않으면 옆 차선의 차량을 받을 수밖에 없다.

이왕이면 끼어든 차량을 받아야 자신의 책임을 면하지, 피하다 다른 차를 받으면 오히려 가해차량이 된다. 때문에 끼어든 차량과 추돌할 수 밖에 없다.

소형차들은 대형차의 이런 점들을 고려해서 정지 해야 할 상황에 끼어들어야한다. 끼어들었다 해도 차가 일직선이 되었을 때 뒤차가 받았다면 피해차량이 되지만 뒤차에 불랙박스가 있을 때는 그것이 증거가 되어 끼어든 자신이 가해차량이 되는 것이다.

대형차들의 취약점은 출발할 때 소리만 요란하지 느리게 출발한다는 점과, 일단 탄력을 받으면 정지하는 거리가 소형차의 2배에서 3배에 달한다는 것이다.

그래서 대형차, 특히 사람이나 짐을 실은 버스나 대형차 앞에 끼어들어 정지하는 것을 삼가야한다.

　　정지했을 경우 대형차들의 정지거리를 충분히 고려해야 하고
급정지는 절대해서는 안 된다. 서서히 정지를 하되,_정지하는
자리보다 조금 더 가서 정지를 하는게 가장 안전한 대형차
앞에서의 정차법이다.

과적한 화물차

　　대형차가 코너(모퉁이)를 돌 때 길이가 길면 길수록 회전반경
이 넓어지는데, 소형차들은 그 벌어진 틈을 잽싸게 파고들어
주행하려 한다.
　　이는 매우 위험하며 그 상황이 되면 대형차 들은 돌아가는
반대쪽(차체가 길어서 돌고 있는 끝 부분을 끝까지 응시해야 하는
결점이 있다.)과 정면만을 주시하지 돌고 있는 코너 쪽은 잘
보지 않는다.
　　특히나 추레라(일명 10발이라고도 함.) 같이 각이 지는 특수
차들은 돌고 있는 쪽은 전혀 보이지 않는 상태에서 회전하기
때문에 그 틈으로 끼어들어 회전하려고 하다가는 대형차
뒷바퀴에 깔려 매우 위험한 상황까지 갈 수 있다.
　　가끔가다 일부러 끼어들려는 소형차들을 보는데, 돈보다
목숨이 더 소중하다는 걸 깨우치기 바란다.
　　버스나 대형 화물차들이 주행 중 갑자기 비상등을 켜는데

뒤에 가는 소형차 운전자에게 비상등으로 보이지만 옆에서 달리던 차량은 자기 차선으로 깜빡이를 켜고 들어오는 것으로 착각하는 경우가 많다.

이때, 대형차가 비상등을 켰다면, 무조건 달리던 속도에서 정지 페달을 밟아 속도를 감속해야 한다.

즉 속력을 죽여(줄여) 서행하면서 전방의 상황을 견제해야 한다.

사고가 났거나 작업구간일 수도 있고, 행사구간이거나 운전자간의 다툼일 수도 있고, 도로에 물건이 떨어져 있을 수도 있기 때문이다.

대형차가 가장 싫어하는 것은 적색신호나 횡단보도에서 서서히 거리를 두고 정지할 때 그 간격 사이로 끼어들어 앞에 정차하는 소형차나 승합차를 제일 싫어한다는 것을 명심해야 한다.

당신이 승용차를 운전하고 정지선에 서서히 정차하는데, 갑자기 오토바이가 앞으로 끼어들어 정차하는 것과 다를 바 없다는 것이다.

사고가 난 지점을 지나다 보면 "목격자를 찾습니다"라는 광고가 심심치 않게 눈에 띈다.

주로 삼거리나 사거리에서 유독 많이 보는데, 사상자가 주로 많이 생기는 곳이기도 하다.

그런 곳의 교통사고는 가해자나 피해자가 바뀌는 경우가 종종 있는데, 증거가 없으면 누구에게도 도움을 청할 수 없다.

신호등이 있는 곳이면 100% 조급함이 몸에 밴 한국의 경우, 그런 곳의 가해자는 90~99%가 신호가 바뀌는 순간에도 진행하다가 그 신호를 받고 진입하려는 다른 차에 의해서 사고가 일어난다.

경찰에서도 그런 것을 알고 있지만, 증거가 없으면 사고담당자도 목격자에 의존할 수밖에 없다.

특히나 물건을 많이 실은 대형차들은 녹색신호에 진입을 했어도, 커브에서 속도를 줄여 회전하는 상태에서 신호가 바뀌는 경우가 있다.

대형차가 교차로를 벗어나지도 않은 상태에서 급 출발하는 차량때문에, 교차로는 혼잡한 상태가 되기도 한다.

이런 것들이 일제강점기의 빨리빨리 문화가 아직도 변화되지 못한 모습들이다.

8자로 걷는 자들도 차만 타면 '빨리빨리'를 외치는데 그것은 일본인과 제국시대의 막부(바쿠후) 권력들이 만들어 놓은 잔재가 습관으로 남아있기 때문이다.

이제는 우리 스스로 뿌리뽑아 청산해야할 과제이다.

'성공이 내 인생에 반드시 온다는 보장은
없다',다만 얼마나 온 힘을 다하여 살아
왔는가가
내 인생에 성공이 되는 셈이다.   (秋山)

비상

아무리 힘이 들어도
아침을 보게 됩니다
아무리 밤이 길어도
아침은 밝아 옵니다

태양은
이슬을 만들면서 떠오릅니다
아침은 어두웠던 하늘을
파랗게 만들어 놓습니다

아침은
잠들었던 모든 것들을
일어나게 합니다

아침은
그 나라의 서민입니다

서민의 땀은
밤새 만들어진 이슬입니다
태양은 온민의 정신입니다

아침이 찬란하게 빛날 때
하루는 높고 푸른 하늘을
볼 수가 있습니다   （秋山）

14. 버스운전 편

목적: 많은 인원을 한 번에 옮기기 위한 수단으로 적은
비용으로 많은 이익을 창출하는데 그 목적을 둔다.
기사: 남보다 부지런하고 성실하며 인내심이 강한 써비스 정
신이 깃 들여 있는 남, 여로서 자기의 일에 자부심
을 가진 운전자.
교육: 국가와 사회에 이바지함을 바탕으로 사람과 소형차
를 배려하고 도로의 교통에 원활함을 우선으로 안전
을 제1순위로 사회에 봉사하는 차량.

버스 기사가 되려면(여기서는 여객버스를 다루었다.)

1. 대형차의 습성부터 알아야 한다.
   대형차를 최소한 3년을 운전해야 한다.
2. 사람의 습성을 알아야 한다.
   여성, 남성, 어린이, 노인, 장애인, 취객, 이상자.
3. 노선과 정류장을 확실히 알아야 한다.
4 . 노선의 신호등의 흐름을 알아야 한다.
5. 같은 노선으로 가는 버스를 알아야 한다.
6. 복잡한 곳이 사고의 위험성이 높다는 걸 알아야 한다.
7. 공사현장 주위의 차선의 바뀜을 알아야 한다.
8. 처음 노선을 최소한 1년은 해야 함을 알아야한다.
   (자주 바뀌는 노선의 기사는 사고가 날 수밖에 없다.)

2번과 7까지의 모든 것을 다시금 습득해야 하기 때문이다.

9. 한 노선에 3년의 경륜이 쌓여야 99%의 무사고가 될 수 있다.

10. 첫 회 후와 막 탕(막 회) 전에 많은 사고가 남을 알아야 한다.

여객버스 기사는 프로 중의 프로다. 도로의 사정과는 상관없이 시간 안에 횟수를 달성해야 하는 어려움을 극복해야 한다. 일반인들은 버스가 있어 고마워한다.

그러나 버스 기사는 안중에도 없다. 버스는 승용차나 택시가 아니다. 택시는 그 거리의 시간만큼 돈으로 개인이 사는 것이다. 그래서 그 시간 안에서만큼은 택시기사도 종(하인)이 되는 것이다.

버스는 돈을 지불한 모든 이들의 거리만큼의 물건이 되므로 한 개인의 행동이나 언어로 운전에 방해가돼서는 안 된다.

또한, 운행 중 버스 기사에게 말을 거는 것은 개인의 운전기사로 착각하는 행동이다. 운행 중에 버스 운전기사에게 말을 거는 것은 사고를 부추기는 것이다.

그런 것들은 2000년이 지나면서 이미 끝났어야 한다. 이제는 운전기사에게 물어 볼 말이 있다면 영업소나 버스회사의 인터넷 홈페이지에 들어가서 문의하면 된다.

60년~ 90년대는 글을 모르고 도시의 지리를 모르는 사람들이 버스 정류소의 매표원이나 안내양에게 물어보는 것이 관례였다.

지금은 고속버스도 높은 임금을 빌미로 안내양을 채용하지 않는다. 하지만 인터넷이나 내비게이션, 휴대전화로 시간과 장소를 불문하고 물어볼 수 있다.

승객은 예전부터 해오던 습관때문에 안내양에게 물어볼 말을 운전기사에게 물어본 것이지만 오로지 운전에만 신경을 써야할 운전기사에겐 무척이나 짜증 나는 일이다. 그런 질문들 때문에 버스교통사고가 70~80년대보다 더 많이 늘어났는지도 모른다.

버스운전기사에 의한 교통사고는 운전만으로도 피곤한 기사에게 승객들이 던진 질문도 한몫했다고 생각한다.

만약 그대가 운전하는데 옆에서 운전하고는 전혀 관계없는 질문을 한다면 그대는 몇 초 내로 답변할 수가 있는가?

거기다 앞, 뒷문을 여닫기를 정류장마다 반복하며 요금 지급까지 확인하고, 더는 탈 승객은 없는지, 승객이 자리에 다 앉았는지 살피면서 말이다.

그런 순간에 사고가 났다면 모든 승객은 기사가 운전능력이 부족해서 사고가 났다고 생각한다. 절대 승객에게 답변하다 사고 났다고 생각하지는 않는다. 버스 기사는 결코 개인의 종 (하인)이 아니다.

버스 기사에게 큰 소리로 주문하는 승객이 있는데 할 말이 있으면 기사에게 다가와서 입 냄새나지 않게 '더우면 덥다.

추우면 춥다. 탁하면 환기를 해 달라' 던지 조용하게 요구하고 행선지는 운전 중인 기사에게 물어보면 안 된다.

그런 승객들은 음식점에서도 큰 소리로 주문하는 사람일 것이다. 유난히 티를 내는 사람들, 정말 생각은 하고 사는 것일까? 공동장소에서는 조용히 있고 싶은 사람도 있고, 자기와 성격이나 취향이 반대인 사람도 있다는 것을 알아야 한다.

버스를 이용하는 승객 중에서 제일 많이 기사에게 물어보는 말이 "이거 00가는 거예요?", "얼마나 걸려요?", "막차는 몇 시예요?" 라는 기본적인 질문들이다. 서비스 차원에서도 기사들은 답변해 주겠지만, 정거장마다 들어서고 나가고 하면서 온종일 수백 명이 물어 본다고 했을 때, 그 기사의 피곤함과 사고 가능성은 더 가중되는 것이다.

일부 승객 때문에 사고가 일어날 수도 있다는 것이다. "이거 OO가죠?"라며 알면서도 확인 차 물어보고 버스 옆에 노선표가 붙어있어도 굳이 기사에게 물어보는 사람도 있다.

버스기사 뒷좌석에서 손수건 없이 기침하거나, 옆 사람이 다 들도록 자기 사생활을 휴대전화로 소상히 밝히며 통화하는 승객, (요즘엔 버스나 전철 안에서 문자로 주고 받는다) 뒤에 좌석이 텅 비어있어도 운전석 옆에서 토론하는 승객, 자기 딴에는 신사티를 낸다고 신문을 반으로 접어서 보는 승객, (책은 읽을 수 있어도 신문은 접었다 폈다 하면 옆 사람에게 피해를 준다.) 버스를 승용차로 세라도 낸듯 옆 사람 들리게 일행과 가족사를 애기하는 승객, 안방으로 착각하는지 코를 골며 주무시는 승객, 술에 취해 서 술냄새 풍기다가 종점에서 기사가 깨워도 못 일어나는 승객, 승강구 문이 꽉 차는 물건, 2m 가 넘는 길이의 물건, 화물로 갈 여러 개의 상자를 버스로 이동하는 승객, 유난히 냄새가 나는 물건을 버스로 이동하는 승객, 과거에는 모든 것이 통했지만, 지금은 하나하나의 물건을 취급하는 직업이 생겨서 과거의 버스로 착각하면 안 된다.

버스는 개인의 차가 아닌 어울려 가는 수단이다.

일터로 나가는 사람들이야 모두가 그렇겠지만 유독 일반인들보다 빨리 움직이는 사람이 바로 대중교통을 위하여 봉사하는 버스기사이다.

일반인이 일어나는 시간보다 최소한 5시간 전에 먼저 일어나서 그들이 출근을 원활하게 하도록 준비해야 하는 것이 버스기사이다. 버스기사들은 자기 자신들이 얼마나 큰 사회봉사를 하는지 모르고 운전직을 원망하면서 일하고 있다.

현재 한국의 사회는 고학력의 시대이다. 한국의 과거 문화는 오직 학력 위주의 사회였다. 그 학력 위주의 사회가 현대까지 이어지면서 모든 젊은이의 사회평균화가 파괴되고 있는 것이다. 한국국민은 자식들을 학력 위주로 만들 수밖에 없었다.

꽃만 있어선 꽃이 아름다운지 모른다. 잡초가 있어야 꽃의 아름다움이 더 빛나는 것이다.

그런데 잡초가 꽃이 되려고 하니 더욱 안타까울 뿐이다. 어울림의 조화가 되지 않는다면 사회는 붕괴하고 만다. 지구의 그 어울림이 인간에 의해서 붕괴하고 있다.

어울림이 가장 잘되는 나라가 지구를 구하는 것이고 국가가 번창하는 나라가 될 것이다.

세상은 변하고 있다.

세계의 경제는 하루가 다르게 변하고 과학이 발달하면서 학벌에 대한 인식도 높아지고 경제는 어제와 오늘이 다르고 하루하루가 눈가짐만으론 예측할 수가 없을 정도로 빠르게 변하고 있다. 30~50년대 자가용을 타고 다녔다면 권력가나 재력가가 아니고선 굴릴 수 없었고, 택시 한번 타려면 큰마음 먹지않으면 어려웠다. 일반 서민은 보는 것만으로도 영광스러움을 맛보아야 할 정도였으니 말이다.

전쟁이 끝나고 제2의 건국이 시작되는 60년대에서 70년대 말까지 그 시대의 한국인들은 오직 배고픔에서 벗어나기 위해 일을 가리지 않고 육체를 혹사했다.

80년대에서 90년대에 이르러서는 국가의 경제가 조금 나아지자 육체를 혹사하고도 저임금을 받던 서민들은 자식만은 성공해서 잘 살기를 바라는 일념으로 자식교육에 모든 것을 쏟아부었다. 고등교육에 대한 바람은 돌풍처럼 전국을 휩쓸었다.

운전기사의 운명도 여기서부터 그 좋았던 시절의 종지부를 찍었다. 일자무식이어도 운전기술만 있으면 대학 나온 사람 부럽지 않았던 그 시절의 운전기사들, 그러나 세계화 바람을 타고 정치가 국가를 변형시켜 나가면서 1년이 걸려도 취득하기 어려웠던 면허증을 단 1주일 만에 취득하게 되었다. 자가용 기사와 택시 기사의 품위는 나락으로 떨어졌다.

버스 기사는 많은 승객을 책임지는 일의 성격 때문에 운전 기사 중에서 유일하게 접할 수 없는 자리로 남아 있을 수 있었 다. 누구나 할 수 있는 일, 그러나 아무나 할 수 없는 일 이 되어 버린 버스 운전기사.

365일 쉬는 날도 없이 가정을 핑계 삼아 젊음이 가는 줄 모르게 사회에 봉사해온 모든 운전기사에게 진정으로 존경을 표하고 싶다.

필자가 왜 운전기사들을 하인이나 종으로 표현했겠는가?

1930년대 일본인들에 의해서 권력을 모시는 운전기술이 전수되면서 일본인들은 그들 특유의 권위를 한국인들에게 표출 하였다. 수없는 욕설과 구타가 어우러진 그렇게 하잘 것 없는 일본의 운전기술은 80년대까지 이어져 왔다.

그 후 서양문화가 본격적으로 들어오면서 일본의 운전기술은 서양의 운전기술과 뒤섞여 마구잡이식 운전문화가 형성되었다.

이제 운전은 예의와 존경, 권력이 아닌 생활의 필수가 되었다.

그렇게 하류층이 해야하는 직업이 바로 운전기사였기에 어려웠던 80년대 운전기사라는 직업은 배움이 없던 시절에 가장 촉망받던 직업이었다. 하류층에서도 고등교육을 전부 받은 요즈음 운전기사라는 직업은 하류층이라는 "티"를 내는 것처럼 여겨져 서민들은 이 직업을 거부할 수밖에 없다.

세상은 돈다. 어제는 오늘이 되고 내일은 또 오늘이 된다. 운전기사가 천대받던 시대가 있었지만, 또다시 운전기사가 동나는 시대가 올 수 있다는 뜻이다. 버스 기사들이 하는 말이 있다. "나도 과거에는 잘 나갔는데 이 일이 아니어도 먹고 살 일은 많아." 물론 그렇다. 그러면 회사는 어떤 마음일까?

"너 같은 운전기사 없어도 운전할 자들은 쌓였어!"

과연, 10년 뒤에도 그런 소리가 나올까? 물론 운전기사는 많다. 그러나 전문버스 기사는 줄어만 간다.

미래에는 전문화된 기술만이 생계를 유지할 것이다. 자연은 너와 나와 우리가 존재해야 생명력이 유지된다. 국가에 육체로 일하는 사람은 없고 머리로 일하려는 사람만 있다면 경제가 활성화된다고 해도 발전이 아닌 제자리걸음만 하게 될 것이다.

흙과 물이 있어야 꽃도 필 수가 있다.

지금의 한국은 전부가 꽃만 되려고 하는 꼴이다. 학벌이 아닌 기술과 전문성을 우대하여 학벌과 동급의 대우를 해 준다면 그것이 바로 사람이 살아갈 수 있는 진정한 자연의 터전이 될 것이다. 대학을 가지 않고도 대학 나온 사람보다 더 대우를 받는 직업이 활성화된다면 대학입시는 더는 서민의 고민이 되지 않을 것이다.

국민은 계층 간의 어울림으로 국가는 학벌과 연결된 직업 때문에 더는 고민하지 않아도 될 것이다.

중학교만 나와서 기술을 배운 사람이 30세가 되었을 때, 그 사람의 기술은 매우 훌륭할 것이다. 그러나 잘못된 학벌주의와 차별 때문에 10년 이상의 경력을 가진 기술자가 갓 대학 나온 신입사원보다 낮은 급여를 받는 것이 지금의 현실이다.

정규 학벌이 없어도 기술 경력으로 학벌을 대신 할 사회가 형성된다면 좁은 문의 대학은 더는 필요가 없어질 것이다.

그렇게 되면 가정에서는 자녀들이 대학을 들어가기 위해 과외와 씨름할 필요가 없고, 자녀를 대학에 보내기 위해

맞벌이를 해야 하는 부담도 줄어든다.

　부모 없는 집과 학원을 전전하며 고아 아닌 고아로 살고 있는 아이들도 부모의 관심과 애정, 따스한 손길로 보살핌을 받을 수 있을 것이다. 또한, 시냇가에서 물고기를 잡고 뒷동산에서 술래잡기하던 어른들의 아름다웠던 어릴 적 추억을 자녀들에 게 물려줄 수도 있을 것이다.

　일류 대학을 나와야 들어갈 수 있는 대기업의 취업의 문을 넓히고 중소기업과 벤처기업으로 분산시키면 더는 국가가 고민하는 청년실업 문제가 신문의 사회 란에 장식되는 일은 없을 것이다.

우측통행에서의 좌측통행

우측통행

우리는 지금도 도로통행을 우측이 아닌 좌측으로 다니고 있다. 일본의 문화인 좌측통행(운전대가 우측인 일본 차)이 습관으로 남아있기 때문이다.

지금은 우측통행을 하도록 전국의 횡단보도 우측에다 화살표를 그려 넣었지만, 왼쪽 통행이 습관화된 행인들에겐 우측통행이 아직은 낯설기만 하다.

정부도 여러 방법을 동원하여 우측통행을 권장하고 있지만 50년 습관이 하루아침에 바뀌기는 어려울 수밖에 없다.

행인들의 습관을 조금이라도 바꾸려면 강제로 압박을 가하는 수밖에 없다.

그러기 위해서는 횡단보도 가운데 파란 선이나 노란 선의 점선을 그려 넣는 것도 한 방법이다. 좌측통행에 습관 된 국민에게 우측통행의 빠른 습관을 들게 하는 필자의 아이디어다.

한국은 한국식으로 살아가면 되는 것이다.

일본식, 미국식은 한시적이다. 이제는 한국을 세계에 알리는 것이 아니라 심어야 한다.

글이 없는 나라에는 한국어를 가르쳐서, 제2의 한국을 심어 놓는 것이다. 인간이 자고 먹고 입는 것 중에서 가장 으뜸이 먹거리이다.

앞으로 세계는 먹거리 때문에 재앙이 따를 것이다. 미래엔 식량 때문에 전쟁할 것이다. 버스 기사라는 직업이 자신의 의지와는 상관없이 맞지 않는 사람이 있다. 그런 사람은 같은 운전직이라 해도 버스와는 인연이 없으므로 빨리 다른 운전직으로 전환해야 한다.

시대는 변화하고 시간은 같은 자리를 맴도는 것처럼 보여도 자연의 시간은 같은 자리가 아니다. 인간의 모습도 오늘이 어제의 내가 되면 안 된다.

　　80년대를 지나서 모든 이들이 면허증을 취득하면서 운전직 종사자들의 월급은 물가변동보다 30년째 부동자세를 취하고 있다. 이는 30년 전과 비교하여 일반직 종사자보다 못한 취급을 받는 것이다.

　　그중에서도 택시 기사들의 탈 현장화는 이미 예측된 일임에도 국가는 잦은 노, 사 분쟁 때문에 10년 앞을 보지 못하고 전국에 개인택시의 물결이 넘쳐나도록 했다.

　　자가용 승용차가 많아질수록 택시 승객의 이용률은 점점 낮아질 것이다. 이젠 택시도 소형차와 중형차 대형차로 나뉘어 요금을 활성화해야 한다.

　　혼자 타거나 대형차를 타도 같은 값을 내는 것은 바람직하지 않다. 원유 산유국도 아닌 우리로선 국가적으로 크나큰 낭비일 뿐이다.

　　학벌이 없어도 되는 직종, 신입과 선임자의 분별이 없는 직업, 어제 입사한 신입과 30년 된 장기 근속자의 월급의 차이가 없는 직업, 월급제가 아닌 시간제 급여, 1년마다 재계약하는 계약직, 몇 년씩이나 하는 수습 운전직, 몇십 년을 일해도 목돈 만들기가 어렵게 1년마다 지급되는 퇴직금, 시급이면서 매월 똑같은 임금 명세표와 운전기사들은 잘 모르는 회사의 연말결산, 어용노조의 공고 없는 연말결산.

　　어떤 회사는 근무하다 교통사고[안전사고포함]가 나면 사고처리를 기사에게 떠넘기고 보험처리 대신 기사에게 피해액을 배상하라고 한다.

　　그 금액은 적게는 몇십 만원에서 많게는 수 백만 원에 이르기도 한다. 운전이란 운전석에 앉은 순간부터 사고가 일어날 요소가 산재해 있다. 매 순간마다 사고를 피해 가는

170

것이지 사고가 났다고 기사의 단독실수로 보면 안 된다.

아직도 우리 주변에는 운전기사를 울리는 버스회사가 많다. 버스 기사의 직종이 유료봉사(서비스) 직업에 분류되지만, 미래가 없는 서비스 직종은 단순 직업에 분류된다고 본다.

그런 이유로 운전직 종사자들은 철새처럼 직장을 이리저리 옮기며 뿌리를 내려 정착하지 못하고 있다. 사고율의 비중은 당연히 높아지고 국가 경제에도 막대한 손실을 일으키는 것을 정치인들은 알면서도 입을 다물고 있는 것은 아닌지?

무엇보다도 여성들이 꺼리는 배우자의 직업 중 하나가 운전직이다. 전쟁에서만 다치거나 죽는 것이 아니다. 일하다가도 다치고 죽는 직업이 바로 운전직이다.

월급이 일반 공단근로자보다는 많지만, 항상 교통사고에 대한 걱정으로 불안한 내조를 해야 하고 밤늦게라도 집으로 들어와야 마음이 놓이고, 남들이 쉬거나 휴가를 갈 때도 같이 동참할 수가 없는, 여러 가지로 어려움이 많은 버스 운전 기사는 결혼을 앞둔 미혼여성들에게는 아직은 사랑받지 못하는 일자리이다.

직업이란? 누구나 할 수 있으면 그 직업은 불안정하다. 그러나 누구나 할 수는 있지만, 기피 하는 직업은 대우 받는 직업이다. 하지만 아무나 하지도 못하고 할 수도 없는 직업은 선망의 대상이다.

운전은 어려우나 면허증만 있으면 누구나 할 수가 있는 직업, 그러나 마지못해 하는 직업 그것이 운전 직이다.

다른 운전은 다 그렇고 그렇다 쳐도 사람을 이송하는 버스 운전직만은 예외이다.

버스 기사들은 절대로 급정거를 하지 못한다. 그것은 승객들의 쏠림 때문에 사상자가 발생할 수 있어서다. 많은 인원이 다칠 경우, 기사의 안전운전 불이행으로 최소한 면허 정지이고, 최대 면허 취소와 구속까지도 될 수 있기 때문이다. 버스가 교통사고 난 현장을 가보면 버스는 중앙선을 넘거나 차선을 넘어 꼭 삐딱하게 서 있다.

지금의 버스계단을 3단에서 4단으로 만들어야 어린이와 노인 및 장애인이 수월하게 승차할 수가 있다.

화물차의 경력이 많으면 많을수록 버스로 자리를 옮긴 운전자는 며칠을 넘기지 못하고 버스운전을 그만둔다.

그 이유는 1~2분을 다투며 자유 없이 고정된 시간대로의 톱니 바퀴식 운행간격과 승객들과의 마찰이 주원인이다.

같은 운전을 해도 단 1분의 자유(운전 중에 개인의 시간)도 없는 것이 버스 운전기사들이다. 일단 종점을 출발하면 기점을 한 바퀴 돌아서 종점으로 돌아올 때까지 개인적인 일은 그 무엇도 할 수가 없다.

운행 중엔 볼일도 참아야 하고, 졸음이 와도 잠시 쉬지도 못하고, 종점까지 와야만 볼일도 보고 휴식도 취할 수가 있다.

말로는 졸음이 오면 쉬었다가 가라고 회사는 말하지만 정작 그런 경우가 생긴다면 그 운전기사는 조만간 딴 직장을 구해야 할 것이다.

1분의 휴식도 출, 퇴근시간대에는 이뤄질 수가 없다.

이럴 때 버스운전석의 두 자(한자는 30cm)도 못 되는 좁은 공간에서 2탕(회)이 되는 6~8시간을 지내야 한다.

보통 마을버스나 시내버스는 1일 2교대로 이루어지지만, 광역버스였으면 격일제(하루 일하고 하루 쉬고) 30일 근무로 이루어지고 광역 일부에서는 이틀 일하고 하루 쉬는 20일 (40일 근무하는 꼴)만 근인 경우도 있다.

고속버스면 3일 일하고 이틀 쉬거나 4일 일하고 이틀 쉬는 곳도 있다. 그런 것들은 24일에서 주5일 근무제인 40시간 근무제가 아닌 만 근(30일)을 대부분 같은 기준으로 삼기에 버스회사마다 차이가 있지만, 필자가 보기엔 진정으로 기사를 위하는 회사는 없고 수입에 의존해 기사들만 혹사당하는 느낌을 받는다.

정부가 권장하는 노동부의 만 근 기준일은 24일이지만 버스의 실질적인 만 근은 일부 버스회사의 경우 30일이어야 기초생활자금이 된다.

현재 일부에서는 지선(시내버스)이 1일 2교대로 바뀌어 시행되지만 그렇다고 교통사고가 줄어들거나 운전기사의 삶이 더 나은 생활이 되는 것도 아니라고 본다.

마을버스면 종점에서 기점을 돌아 종점까지 돌아오는 하루 횟수가 적은 데는 7~8탕(횟수)도 있지만 드물고 보통 10~20탕이고 많은 곳은 40탕 (횟수)도 넘는다. 시내버스나 광역버스는 대부분3~5탕(횟수)이 기본인데 시내버스는 중간에서 시작하고 중간에서 끝나는 곳도 있으므로 일일 3~4탕이 대부분이지만 광역버스는 중간에서 시작하거나 끝나는 곳이 없고 많이 뛰는 곳은 7~10탕 도는 (버스 기사들은 횟수를 이렇게 말한다) 곳도 있다.

위에서도 언급했지만, 사고원인을 찾지 못하면 버스의 운영체계를 아무리 바꾸어도 변화는 없을 것이다.

첫 번째 원인은 운전하는 기사에게 있다.

기사의 마음이 어떠냐는 것이다. 조급증, 긴장감, 장시간의 운전, 부족한 공간휴식이 그것이다.

버스의 운전석은 객석과 분리를 해야 한다. 일부 버스만 칸막이를 해서 운행하는데 회사는 전 차량의 버스 운전석을 객석과 분리해야 하며 정부는 여객버스의 객석과 운전석의 분리를 법규로 정하여 운전기사가 본연의 운행에만 전념하도록 환경을 조성해야 한다.

- 조급증: 바쁘다

승객이 타면 카드기 입력 부작용으로 카드를 대는 것도 지루한데 구겨진 현찰을 한 장 한 장 넣을 때면 뒤차 탈 승객까지 태워야 한다. 앞차하고 간격이 점점 멀어지다 보면 출근 시간엔 직업의식이 없어진다.

- 긴장감: 여유가 없다

전쟁터다. 버스를 운전한 사람만 안다.

- 장시간의 운전: 엉덩이기 쓰신다.

일반인은 2시간만 가도 어지럽다 한다. 짧으면 10시간이요, 길면 24시간이다. 중간에 30~40분 휴식은 앞차와의 간격일 뿐 쉬는 시간이라 할 수가 없다. 온 종일 앉아서 운전대를 놓을 때까지 눈을 충혈 시켜가며 정신을 집중해야 한다.

충분한 휴식: 일반인의 휴일과 기사의 휴일은 차이가 있다.

출근과 퇴근이 그것이다. 일반 사무직이나 현장직은 몸만 가서 작업을 시작하지만, 운전기사는 출근해서 차량을 가지고 출발지로 가는 것이 다르다.

퇴근도 일반인은 몸만 퇴근하면 되지만, 운전기사들은 종점에서 승객들을 내려주고 차고지로 와야 일이 끝난다.

그러나 버스회사는 출근의 시작을 승객을 태우는 종점부터 계산한다. 공무원이나 일반인은 회사 건물을 들어설 때부터 카드기에 출근 시간이 찍히면 근무시간이 되는데 한국의 모든 운수회사는 차고지의 출근과 퇴근 시간은 제외한다.

한 예로 어떤 광역버스 회사의 첫차는 새벽 5시다.

운전기사가 첫차를 운행하려면 새벽 3시에 일어나야 한다. 9시에 출근하는 회사원이 7시에 일어나는 것과 같다.

버스도 없으니 택시나 자가용을 이용해서 차고지로 가야 하기 때문이다. 차고지에 도착한 시간이 새벽 4시, 차고지로 가서 많은 차량 가운데서 자기가 운행할 차량을 끌어내서 돈 통(거스름 통을 말함)과 배차일지를 가지고 출발지인 종점으로 가서 5시 정각에 차량을 출발시킨다.

그 버스 기사의 출근 시간은 차고지도착시간이 아니고 종점에서 첫차를 출발하는 5시다.

그 광역버스 회사의 막차는 새벽 1시이다. 종점까지 소요시간이 평균1~2시간 종점에 도착해 돈 통과 배차일지를 반납하고 종점에서 다시 차고지로 와서 주유를 끝내면 새벽 3시 정도, 집으로 가는 시간이 길면 1시간 짧으면 30분, 그러나 그 기사의 퇴근은 차고지에 차량을 주차하는 시간이 아니라 새벽 1시, 막차의 출발로 임금을 계산한다.

막차가 종점으로 돌아오다 도로사정으로 1~2시간이 종전 시간보다 더 늦어져도 역시나 출발 시간인 새벽 1시로 친다.

버스 운전기사가 근무 당일 날, 갑자기 몸의 이상으로 운행할 수 없을 때, 회사는 그 운전기사에게 사유서가 아닌 시말서를 강요하면서 만 근의 기회를 박탈한다.

물론 병원처방전을 제출하면 무단결근을 면할 수도 있다.

하지만 한번 찍히면 법의 테두리를 교묘히 벗어난 관리자의 압력을 받게 된다. 운수종사자는 정신과 육체로 그 압박을 받으면서 직업에 대한 회의에 빠져 직장의 이탈까지 생각한다.

버스회사의 조합이라는 것이 일반인이 생각과는 거리가 먼 아직도 60년대 수준에 머물러있다.

시말서를 강요하거나 근무 일수도 빼서도 안 되지만 버스를 운전하는 기사들은 모른척하며 근무한다. 어떤 조합은 있으나 마나 하고, 서민이 우선인 버스회사의 버스 운전기사가 고개들 정도의 시대는 한국에선 아직 멀리만 느껴진다. 특히나 중, 소도시의 회사들은 서로의 친밀함이 더욱 돋보인다.

입, 퇴사하는 종사자의 신상명세를 회사들끼리 상호 교류하며 회사에 타격을 줄 인물은 사전에 원천차단한다.

특히 노조나 노동부에 명단이 올라있는 인물은 더욱더 경계의 대상이 되는 것은 어쩔 수 없는 현실이다. 거의 모든 버스 운수회사가 그렇다고 볼 수 있다.

일반인은 퇴근과 동시에 휴식에 들어간다. 버스 기사들은 기점에서 막차시간 이후로 종점에 도착, 돈 통을 반납하고, 또 다시 차고지로 가서 주유를 끝내는 시간까지 수고한 것은 근무시간에 해당되지 않는다. 헛고생인 것이다.

그 광역버스 회사 기사는 무급인 출, 퇴근 시간을 합치면 일반인보다 평균 2~3시간을 더 일하는 셈이다. 그 회사는 1일 17~20시간 근무니까, 차고지의 출, 퇴근을 합하면 꼬박 하루인 20~24시간이 된다.

여기서 기사의 휴일은, 집에서 일어나서부터 퇴근하고 샤워를 마치는 시간까지 치면 더욱 짧아진다.

그런 기사들의 교통사고 확률이 다른 회사에 비해 더 높을 수밖에 없다. 그런 것들 때문에 사고를 내는 대도 모든 책임이 전적으로 기사에게 있는지 묻고 싶다.

물론 배차에도 문제가 있다. 하지만 배차와 전적으로 결부시켜서도 안 된다고 본다. 그들은 경영진의 눈치를 봐야 하기 때문이다. 그렇다고 한 회사의 간부나 임원에게 모든 책임을 전가하는 것도 올바른 태도는 아니다.

시내버스나 광역버스는 막차시간을 통금이 있던 시대에서 통금이 해제된 지하철의 막차운행에 맞추다 보니 마을버스도 생겼고 버스의 운행도 새벽으로 넘어갔다. 하지만 늘어난 근무시간과 관계없이 임금은 낮게 책정된 기본금에 따른 수당이 전부이다.

60~80년도에는 임금은 낮았어도 소위 '뼹땅'이라는 것이 운전기사의 생활에 도움이 되었고 회사에서 알면서도 지나치지 않는 선에서 상부상조했다.

70~80년대에 운전기사 월급이 20~25만 원 선이었다. 조수가 5~6만 원을 받을 때, 일반근로자의 급료는 10만 원 안팎이었다. 거기에 뼹땅과 안내양의 급료를 합하면 그 당시 운전기사의 급료는 40만 원 수준으로 봐야 할 것이다.

즉, 일반근로자와 4대1이 되는 셈이다. 지금의 근로자 임금을 월 150~300만 원 으로 평균화한다면 운전기사의 급료는 최소한 400~500만 원 대에 해당해야 맞는다.

그러나 전국적으로 평균화 된 운전기사의 급료는 적게는 150에서 최고라고 해야 고속버스의 최고 (30일 근무기준) 급료인 300만 원 선이다. 평균으로 볼 때, 200~250만 원밖에 안 된다. 경력이 30년이 되도 그 월급에서 크게 벗어나지를 못한다.

결론은? 이 모든 것은 교통사고를 줄이자고 외치면서 실질적인 면을 보지 못하는 정치인들에게 문제가 있으며, 그 실직전인 면은 바로 운전하는 기사들에게 있다는 진실을 알아야 한다.

왜? 교통사고는 정치하는 사람도 아니요, 그것을 연구하는 박사도 아니요, 회사의 간부도 아니요, 바로 기사들, 현장의 기사들에게 일어나기 때문이다.

국회의원이란 직장 조합의 대의원과 마찬가지다. 의원은 개인 권력의 상징이 아니고 조합원(국민)의 힘을 등에 업은 대변인 이다. 그들이 정책적으로 기사들의 안전운행을 위협하는 문제점들을 먼저 개선시키지 않으면 앞으로도 교통사고문제는 쉽게 풀리지 않을 것이다.

기사들의 작은 소원은 배차시간을 늘리고 탕 수를 줄이는 것이다. 교통사고를 줄이려면 정부가 모든 도로의 차량 속도를 국가적 차원에서 제한해야 한다. 그것이 잘못 해석된 교통법규로부터 사고를 미리 방지하는 것이다.

보통 대도시에서 차량의 흐름은 시간당 35km~45km이다. 이런 속도는 승용차와 신호등, 차량들의 증감 때문이다.

노선버스는 승객의 승, 하차시간까지 합하면 시간당 10km도 안 되는 것이다.

그런데도 일부 시에서는 노선의 총 길이와 승용차의 평균 시간당 킬로 수만 버스에 적용시켜 기사들로 하여금 예전보다 더 바쁜 마음을 갖게 만들었다.

시내버스도 지하철처럼 거리제로 병행해야 한다고 생각한다. 기본요금은 3분의 1로 줄이고, 종점까지는 현행 요금기준으로 3배 올리고 환승은 없애야 한다.

그래서 유류를 절감하고 서민의 세금부담도 줄여야 한다. 또한, 시외는 자동차 도로보다 기찻길을 많이 만들어 사용하게 하고, 시내는 지하철 이용을 활성화해야 한다. 미래를 내다보고 인구밀집과 도시 집중화부터 분산시켜야 교통흐름도 원활하게 될 것이다. 선진국의 교통 분산은 기차와 전차가 시 외곽을 주로 담당한다.

운전이란?

아무리 직업 운전기사여도 휴식을 포함해서 운전대를 잡는 순간부터 10시간이상은 운전하지 말아야한다.(차고지부터 시작하여)

그 시간이 지나면 판단력이 80%대로 떨어져 육체의 오감이 20~30% 감소한다. 또한, 20km를 달려온 마라토너와 같고,

178

200m를 쉬지 않고 수영한 선수와 같다.

10시간 이상 운행 시 손, 발과 목이 굳어지면 뇌졸증의 시초가 된다. 졸음운전은 안전거리 미확보나 전방주시태만, 안전운전 불이행으로 이어진다.

뇌졸증이나 스트레스는 버스나 택시 기사들의 또 다른 직업병이다. 졸음이 온다는 것은 혈액순환이 안 되는 뇌졸증의 시초이다.

목이 가끔 뻣뻣하거나 손, 발이 가끔 굳어지는 것을 느끼며 운전을 한다면 이미 그는 승객과 자신의 목숨을 담보로 위험한 도박을 시작한 것이다.

그 운전자가 결국 교통사고를 냈거나, 건강을 이유로 회사 눈치를 보며 (개인 사정)으로 사표를 제출하였다면 정부는 기사의 실직원인에 상관없이 실업급여를 주지 않는다. 정부나 회사는 모든 책임을 그 버스 기사에게 떠넘기는 것이다.

"너희가 게 맛을 알아."라는 광고 카피가 생각난다.

화물차를 10년, 택시를 30년 운전해도 진정한 운전의 기술은 버스운전 3년의 경력자만 못하다는 결론이 필자의 주장이다.

즉, 택시 운전 30년 경력자보다 버스운전 3년 차 기사가 도로를 다니는 데는 더 월등하다는 것이다.

필자가 유독 버스에 대해서 많은 지면을 할애하는 건 버스와 택시 때문에 일어나는 교통사고 발생 건수가 가장 많다고 보기 때문이다. 그중에서도 70%는 버스이다.

그 이유를 알아보자. 버스 기사는 매 탕(회) 수마다 수시로 변하는 도로상황 속에서 시간과 싸워야 한다. 오로지 수입에만 매달려 회수를 다 채우게 하려는 버스회사는 기사들이 1회를 돌고 잠시 쉴 수 있는 시간도 주지 않고 뺑뺑이 (1회 왕복 후 휴식없이 곧바로 운행하는 것)를 돌린다.

조금이라도 빨리 돌고 와서 휴식을 취하려는 가사의 조바심은 사고의 원인이 된다. 특히 식사시간과 마지막 탕(회)에 그런 조급함은 더욱 심해진다.

1, 노선을 도는 탕 수에 의해서 버스 운전기사들의 교통사고 발생 건수가 늘거나 줄어든다.
2, 다음은 줄였다 늘렸다 하는 고무줄 같은 배차시간표가 버스 운전기사들의 교통사고 발생의 증가요인이 되고 있다.

버스운전을 하려면 최소한 1년의 수습과정이 필요하다.
　그리고 3년의 기본적인 과정을 거쳐야 버스운전이 몸에 습관처럼 베인다. 그러나 화물차에서 많은 경력을 쌓고 버스로 이직한 운전자는 화물차 운전습관을 쉽게 버리지 못해 매우 어려움을 겪는다. 그래서 버스에 적응하기가 초보자보다 오히려 시간이 더 많이 걸린다. 또한, 사고율도 초보자보다 매우 높다. 버스 운전기사들에게 당부하고 싶다.
　"앞차와의 거리를 유지하려고 조급해하지 마십시오."
　차량이 흐르는 대로 따라가되 뒤차가 앞서 가도 여유로움을 가져라. 이렇게 다니거나 저렇게 다녀도 끝나는 시간은 같다. 다만 앞서 가는 차 때문에 순번이 조금은 달라질 수 있어도 모든 것을 해결하기에는 오히려 걸림돌만 될 뿐이다.
　그렇게 힘들게 하루에 3번만 왕복해도 될 것을 왜 4번씩이나 왕복하게 하였을까? 처음 노선을 만들 때의 기사들에게서 그 이유를 찾아볼 수 있다.
　처음 노선이 신설되었을 때, 시민들은 버스노선이 신설 된 것도 모른다. 시민들이 그 노선을 다 알게 되려면 적어도 6개월에서 1년이라는 시간이 걸리는 경우가 허다하다.

신설노선엔 승객이 많지 않다. 정류장에 승객이 없어도 버스는 정차하여 10~20초의 여유를 두고 출발을 해야 한다. 하지만 신설노선을 운행하는 기사는 멀리서 승객이 없는 것을 보고는 정류장을 그냥 지나쳐 버린다.

그렇게 해서 짧게는 30일, 길게는 90일을 살펴보고 배차의 간격을 결정해 버린다.

정거장마다 지나쳐 버렸던 시간은 나중에 버스 기사에게 고스란히 부담으로 돌아온다. 신설노선은 시간이 지나갈수록 승객은 늘어가고 당연히 운행시간도 길어지기 때문이다.

하지만 운행시간이 길어져도 배차간격은 줄어들지 않는다. 버스 운전기사들이 부족한 시간으로 배차간격을 맞추려면 어쩔 수 없이 신호위반과 난폭운전을 할 수밖에 없다. 사정이 그런데도 한 번 정해놓은 배차간격은 변경되지 않는다.

그것을 바꾸는 것은 관할관청도 아니고 회사도 아니다. 바로 그 노선을 운행하는 버스 운전기사 자신들의 간격뿐이다.

서류로만 관리하는 관공서에서 '시간을 채워라. 킬로 수를 맞춰라.' 해도 실상은 현장에서 뛰는 운전기사가 관리인이자 책임자이다.

내가 정상적으로 운행하는데 갑자기 앞차와 거리가 벌어지기 시작했다면 그 앞에 누군가가 앞차하고 붙어서 가는 것이다. 그러든지 말든지 앞차와 5분이던 30분 간격이던 나만 내 페이스에 맞춰서 가면 되는 것이다.

그것이 안전운전이며, 교통사고가 없어지는 지름길이다.

그 나머지는 배차담당의 책임이기 때문이다. 운전기사들은 바쁜 이유를 승객에게 돌리는데 승객가운데 그렇게 바쁜 사람은 버스를 타지 말았어야 했다.

일부 승객은 배차간격을 기사에게 따지는가 하면 출근시간에 좌석 버스가 입석 버스로 변한 것을 기사에게 항의한다. 운전기사는 승객의 항의에 웃어넘겨야지 말이나 행동을 맞받아치면 안 된다.

바쁜 승객들은 바쁜 만큼 시간을 앞당겨 출발하고, 배차간격이나 좌석이 입석으로 변한 사정은 시간에 쫓기는 운전기사가 아니라 담당 관공서나 버스회사에 항의해야 옳다.

또한, 바쁜 것은 출근 시간의 승객들이지 버스 운전기사가 아니다. 그런데 왜 승객들보다 더 급한 마음으로 운전하는지, 그렇게 해도 기사는 종점으로 들어오면 화장실도 못 가고 더 급하게 종점을 출발해야 한다.

사회나 회사는 결근이 없고(성실성) 남보다 성실하며(수확성) 회사의 이미지를 좋게 하는 사원(관리성)을 1순위로 뽑지만, 이유야 어쨌든 사고를 내는 운전기사는 미워해도 조금 천천히 운행한다고 운전기사를 미워하지는 않는다.

그런 운전자를 미워하는 건 배차담당자뿐이다. 버스운전을 최소한 3년은 해야 그런 사실을 깨닫게 된다.

그러나 3년이 지나도 이미 몸에 밴 습관은 입사 후배들을 곤혹스럽게 만들고, 기어이 사고를 내서 운전경력증명서에 평생 지워지지 않는 금을 긋고 만다.

이제 국가도 눈을 뜨고 문제를 제대로 볼 수 있어야 한다. 시민도 알고 회사도 변해야한다. 앞으로 시간이 지날수록 전문 버스운전기사들이 줄어드는 것은 기정사실이다.

점점 운전기사들의 나이도 고령화될 것이다. 운전을 생계로 평생을 살아가는 운전기사들도 이제는 깨달아야 한다. 아마 3회(탕)도 힘들다는 운전기사에게 5회(탕)를 뛰게 하여도 불평불만을 하면서도 그 일을 할 것이다.

어떤 기사들은 평소 시내에서 80km 이상 달리지만, 비가 오는 우천 시에도 80km 이상으로 운전을 뽐내며 다닌다.

기사도 사람인데 가정사로 휴가를 내려고 해도 대체 근무자가 없다는 핑계로 거부하고, 육신이 피곤해 쉬고 싶어도 쉴 수 없고, 일을 더 하고 싶을 땐 근무 일수가 채워졌다고 강제로 돌아가면서 근무를 뺀다.

365일 기계처럼 일하는 운전기사들, 피곤이 쌓여서 풀지 못하면 사고와 직결된다.

어떤 배차담당은 일을 적게 하는 사람보다 일을 많이 하는 사람이 사고율이 더 적다고 쉰 감주 먹고 트림하는 소리를 한다. 사고는 그 어떤 이유로도 일어나서는 안 되는 것이지만 운전기사가 경제적 어려움을 약점 잡아 무리하게 일을 시켜서는 안 된다.

출근시간대에 사람과 차량이 많은 것은 국가의 문제고 승객이 많아도 그 시간대에 다 충족하지 못하는 차량은 회사의 문제이다. 그것 때문에 배차간격이 없는 것은 배차계의 일이고, 이 모든 것을 떠안고 하루하루 사고의 숲을 지나다가 사고를 내는 것은 결코 운전기사만의 책임은 아니다.

휴식도 부족한데, 운행 중에 가스 넣기, 세차하기 등으로 더욱 시간에 쫓기다가 사고를 낸 기사에게 "왜 과속을 했어?", "왜 끼어들었어?", "졸음운전 했느냐?"라며 기사에게 회사와 국가는 모든 책임을 전가할 수 있는지 묻고 싶다.

회사의 임원들은 기사의 일일 배차 시간표를 보기나 하는지?, 만약 보면서도 그대로 운행하게 했다면 그 임원들은 작게는 기사를 희생시키고, 크게는 국가의 경제를 하락시키며 월급만 챙기는 임원이다.

조합이 있지만 조합장은, 유치원생 같은 기사들을 다루기가 절대 쉽지 않을 것이다. 일부 조합장은 조합장의 의무를 다 하지 않고, 한국사회가 원래 그런지 국회를 모방하는 조합 장으로 변모하고 있다. 정부는 사고가 빈번하게 일어나는 회사나 운전기사에 대한 경고보다는 국가의 교통발전체계를 먼저 돌아봐야 한다.

이런 것을 바로 잡지 않으면 버스 기사들의 사고는 영원히 줄어들지 않을 것이다. 버스 기사로 취업하기 전에 그 회사를 알아보고 근무하는 기사의 말을 듣는 것이 좋다.

당장 백수생활을 벗어나려고 일단 들어가고 보는 게 일반 기사들의 본능이다. 그 일에 몇 년의 시간을 투자했다면 당신은 이제 미래를 생각해야 할 베테랑 운전기사의 자부심을 가져야 한다.

그렇지만 베테랑 기사가 취업하고 싶은 버스회사는 없을 것이다. 처자식의 생계비를 위해 당장 필요한 게 취업이고 보니 한국에서 버스회사나 직장은 나물에 비벼놓은 그 나물에 그 밥일 것이다.

☞ 버스 운전기사의 정류장 정차했다 출발하기 방법

1, 정류장 50cm 노란 선 안으로 서행으로 들어선다.
2, 정지 페달을 2, 3번에 거처 밟으면서 정지한 후 맵시를 당 긴다.
3, 앞문을 연 후 뒷문을 연다.
4, 중앙거울을 보고 뒤 실내를 본 후 원형거울로 마지막 하차 승객을 확인한다.
5, 뒷문을 닫고 중앙거울로 원형거울을 재차 확인한다.

6, 앞문을 닫기 전에 우측 백미러의 원형거울로 마지막 승
   객을 확인 후 앞문을 닫는다.
7, 중앙거울로 실내를 관찰한 후 우측 백미러와 좌측 백미
   러를 본다.
8, 맵시를 풀고 기어를 넣은 후 우측 백미러와 좌측 백미
   러를 재차 확인한다.
9, 2초에 거처서 클러치를 서서히 떼며 출발하면서 중앙거울
   을 한 번 더 보고 좌측을 보면서 출발한다.
10, 정거장에 정차 후 출발은 아무리 바빠도 10초 이내가 돼
   면 안 된다.
11, 앞문을 닫고 출발 후 뛰어오는 승객을 태우면 안 된다.
12, 출발 후 횡단보도 정차 시 승객을 태우면 안 된다.
* 기사의 선행은 실수라 해도 法은 기사에게 가해진다.

☞ 주의해야 될 사항

1, 승객하차 후 출발 시, 좌측에 붙어(앞바퀴 뒤)서 있는 택
   시를 주시할 것.
2, 신호정지 후 출발 시, 한 박자 늦게 출발하는 택시를 주시
   할 것.
3, 주행하다 신호정지 시, 옆 차선에서 버스 앞으로 급차
   선변경 정차하는 택시를 주시할 것.
4, 우측으로 회전 시, 공간을 이용하여 끼어드는 택시를 주
   시할 것.
5, 승객하차 후 출발 시, 옆 차선에서 끼어들어 앞에서 정차
   하는 택시를 주시할 것.

   이상은 정신이상이 있는 일부 택시 기사의 전문적인, 습관성 가장
사고의 대처방법이다. 대형차의 약점을 이용한 사기접촉사고에
기사들은 특별히 주의해야 한다.

여객버스의 프로기사는 사계절과 시간대와 날씨의 변화, 정거장의 흐름까지도 알아야 한다.

예: 겨울철의 오후 7시, 00지점 정거장까지는 보통 1시간 이 걸렸지만, "지금은 눈이 오고 퇴근시간대여서 20~30분이 더 소요될 것이다." 라는 것도 고려해야 할 것이다.

없어진 20~30분은 도로교통혼잡과는 별개이다. 버스 기사와 시민의 안전은 상관없이 휴식시간을 줄이고 횟수에만 집중하는 국가와 회사를 위해 반납해야 한다.

아무 생각 없이 하루하루를 앞차와의 간격만 갖고 오고 가는 그 기사는 뒤차기사에게 고무줄 운행을 한다고 쓴소리를 듣게 된다. 그것이 곧 프로와 아마추어의 차이다.

버스 기사는 먼저 구간 구간의 시간을 파악하고 앞 차량과 의 간격도 유지하면서 운행해야 한다.

관할관청은 버스정거장의 표지판을 정거장 맨 앞에다가 세워야 한다. 중간에 세우면 승객은 그곳으로 몰리고 버스 가 동시에 들어오면 2번째, 3번째 버스는 정거장을 벗어난 횡단보도나 교차로, 차선을 물고 정차해야 한다.

가로 등불이 없는 버스정거장은 야간에 승차하는 승객을 위해서라도 (일부 버스운전기사들은 정류장에 불빛이 없어 승객이 있어도 그냥 지나친다.) 정류장 외부의 지붕(내부는 극성 인들에 의해 파손될 소지가 있다.)에 등을 설치해야 한다.

구(區)나 시(市)의 장(長)은 국가를 우선시하기보다는 서민의 공동불편해소가 우선이어야 한다는 것을 잊어선 안 된다.

상체가 건강하려면
하체를 움직여라!　　　[秋山]

15. 안전사고 예방

버스운전기사의 조바심이 불러온 급출발, 급과속때문인 차내 안전사고를 덜어주는 운전습관에 대해 알아보자.

"2초의 여유를 가지고 조작하라!

2단이 잘 안 들어가면 3단을 넣었다가 2단을 넣어라!

2단에서 3단을 넣을 때는 중립에서 2초 후에 3단을 넣어라!"

2단에서 3단을 넣을 때 잘 안 들어가는 기어가 있는데, 그럴 때엔 기어를 2단에서 빼서 중립에서 2초의 여유를 두고 3단을 넣으면 기어가 좀 더 부드럽게 들어간다.

그렇게 해도 안 들어가면 2단에서 중립으로 되었을 때 클러치를 떼었다가 다시 밟고 3단을 넣는 더블 클러치를 사용하면 된다.

3단에서 4단을 넣을 때도 중립에서 2초 후에 4단을 넣어라! 2단에서 3단을 넣고, 클러치를 떼어 낼 때에도, 변속페달(클러치)을 2초에 걸쳐서 서서히 떼어라.

2단에서 3단을 넣고 클러치를 빨리 떼면 버스가 망아지처럼 뛰어 버린다.

3단에서 4단을 넣고, 변속페달(클러치)을 뗄 때에도 2초에 걸려서 서서히 떼어라. 4단을 넣고 클러치를 빨리 떼면 3단처럼 되지는 않지만 꿀렁거리게 되면 버스 운전기사를 초보자로 보기 쉽다.

변속기어의 모든 동작의 연속은 2초의 여유를 두고 작동을 해야 한다는 것이다. 신호에 걸려 정지 시에는 기어를 항상 중립에 놓고 맵시(사이드)를 당겨놓아라.

"맵시를 풀 때는 2초의 시간을 두고 풀어라!"

출발하기에 앞서 2초의 여유를 가지고 좌, 우 백미러를 본 다음 전방을 살핀 후에 기어를 넣어라. 맵시를 풀면서 가속페달에 발을 올려놓고 서서히 출발하면 안전사고를 완벽하게 방지할 수 있다.

마지막 탑승객이 자리에 앉았는지는 맵시와 마지막 좌, 우 백미러를 보는 습관화만 되면 이미 4초가 지나는 것이다.

승객이 자리에 앉기까지의 시간은 보통 3~4초 정도 걸린다. 단, 노인들은 7~10초의 여유를 주어야 한다.

어떤 기사는 조급한 습관 때문인지 정지 시에도 기어를 넣고 클러치를 밟고 있는데 매우 위험한 동작이다.

어느 버스운전기사는 잘못된 습관으로 신호가 바뀌어 정지선에 있는 와중에도 기어를 2단에 넣고 반 클러치로 차량을 계속해서 움찔움찔하면서 앞으로 움직이는데 빨리 고쳐야 할 위험한 행동이다. 왜 그렇게 조급한 마음이 될 수밖에 없을까?

버스전문운전기사의 운전은 같은 운전을 해도 유류 소비에서 많은 차이를 가져온다. 그것은 변속페달의 적절한 기어변속과 가속페달의 조작에서 이루어진다.

운전을 배울 때 잘못 배워진 습관으로 기어변속과 가속페달을 밟아 왔다면 소형에서는 별 무리 없이 운행을 했었어도 대형차량을 운전하는 경우라면 모든 것이 많이 변할 것이다.

기어도 무리수를 두어서 강제성을 동반한 변속을 한다면 그 운전자가 운행하는 차량은 다른 사람에 비해 차량수리비가 더 많이 청구될 것이다.

어떤 운전자는 가속페달도 밟았다 떼기를 반복하여 운행하는데 그런 운전법은 가속페달을 계속 밟고 가는 것보다 유류가 1.5배가 더 소비된다. 버스를 운행하는 경우라면 승객들은 두통을 호소하거나 멀미를 느끼게 된다.

대형차들은 속도제한장치를 하여 일정한 속도가 넘으면 더는 속도가 높아지지 않게 하였으나 일부 운전자들은 부자가 울리는 데도 계속해서 운행한다. 그때 가속페달에 의하여 속도는 절대 오르지 않고 유류만 더 소비될 뿐이다.

가속페달을 밟았다가 떼기를 반복하는 운전법은 일반 대형차 5단에서 시속 80㎞ 이상 주행 시 과속을 방지하려는 조치이다.

속도에 의한 비 가속페달의 주행거리로 유류를 절감하는 주행법이지만 가속페달의 발놀림을 필요로 하는 고도의 운전기술이기도 하다. 잘못 배우거나 흉내를 내다가는 승객에게 따가운 눈총을 받을 수 있다.

과속은 주로 70㎞를 넘으면서 이루어지는데 브레이크를 밟아도 잘 듣지 않는 것을 기사들은 브레이크가 안 듣는다고 한다. 그런 것을 고참 기사들은 브레이크가 넘어간다고 말을 한다. 그런 원인은 노후 된 미니 백의 고무패킹과 오래된 드럼이나 이미 불량인 드럼이 문제다.

회사들은 고가인 부속을 교환하는 것보다 기사들이 과속을 자제해 주기만을 바란다.

그런 부속은 시속 60㎞에서도 급작스런 상황이 발생하면 브레이크를 밟아도 잘 듣지 않아 사고와 직결되고, 라이닝 패드의 잦은 교체로 지구환경에도 나쁜 영향을 준다.

버스운전기사는 아무리 바빠도 신호위반과 과속만 하지 않으면 안전사고 외의 사고는 일어날 수가 없다.

직장은 일이 힘들어도 월급이 많으면 참을 수 있고, 동료와 동료애가 있으면 참을 수 있고, 사장이나 간부들이 직원을 가족처럼 대해주면 참을 수 있다. 하지만 교통문제나 작업환경, 복지시설이 저임금이나 직장상사나 동료와의 갈등보다 현재나 미래에도 앞서지는 못할 것이다.

국가는 10년보다는 100년을 내다보고 계획을 세우고 벽돌 하나를 만들어도 흙이 변형되는 것을 마음 아파해야 할 것이다.

사각지대: 후방거울(백미러)로 보이지 않는 공간이다. 자 차량의 속도에 의해서 옆 차선의 앞서 가는 차량과 뒤에 오는 차량이 보이거나 보이지 않는 현상으로 일명 '월식의 사각 현상'이라고도 한다.

즉, 내가 운전하는 차량의 속도가 70km이고 옆 차선의 뒤에 오는 차량이 100km 때, 후방거울로 보이던 차량이 거울에서 사라졌다가 시야의 앞으로 추월하는 경우와 같다.

승용차의 사각지대는 양쪽 뒷문 쪽에서 1m 떨어진 옆 차선의 부분에 해당한다.

사각지대의 취약점은 차선변경 시 이루어진다.

중앙거울로 좌, 우를 살피는 것이 사고를 줄이는 방법이다. 대형버스는 좌, 우측 앞바퀴에서 1m 떨어진 부분부터 뒷바퀴에서 4m 떨어진 차선의 부분까지가 사각지대이다.

화물차들도 버스와 같은 보디의 바퀴 축으로 되어 있다면 버스의 사각지대와 같다.

특히 대형차들이 주위를 기울여야 할 것은 좌측으로 회전할 때 백미러에 가려 좌측의 사물이 회전이 끝날 때까지 보이 지 않는다는 것이다. 백미러 자체가 사각지대이다.

일부 신형버스에는 운전석 백미러가 앞 유리쪽(일명 메뚜기 거울)으로 나와 있는 것이 있는데, 모든 대형차는 운전석 백미러가 앞 유리쪽으로 30~40㎝ 나오게 제작되어야 할 것이다.
 제작할 때 좌측(운전석)의 백미러 옆에 원형거울을 달아
차량의 앞부분이 보여야 하며, 우측 백미러 옆의 원형거울은
차량의 우측 깜빡이(지시등) 부분과 앞바퀴 부분까지 보이게
제작되어야 한다.

무질서의 도로전쟁

하나를 얻기 위해선
둘을 버려야 한다.   (秋山)

 # 16. 택시 운전 편

  승용차 대용으로 쓰이는 자가용이 바로 택시이다. 택시문화는
국가의 주식문화와 많은 연관성을 갖고 있다. 즉, 국가의 지도자가
바뀜에 따라 기업의 흐름이 바뀌듯이 어떤 정치가가 국가를
경영하느냐의 따라 택시의 활기도 달라진다는 것이다.
  어떤 나라를 갔을 때 그 나라의 택시손님이 많으면 그
나라는 국민이 살기가 괜찮다는 것이고, 택시의 손님이 없고 빈
택시가 많으면 그 나라의 경제가 어렵다는 설이 있다.

승객을 기다리는 택시행렬

  그렇게 택시 덕분에 그 나라의 경제를 살펴볼 수가 있는데,
지금 한국의 택시 기사는 과연 저소득층보다 나은 생활을 하고
있는지 아니면 그보다 못한 생활을 하는지는 오직 택시 기사만
알고 있는 것은 아니다.
  그 나라의 모든 국민이 골고루 잘 사는 나라는 이 지구 상에

정치가 뭔지도 모르고 국가도 없는 벌거벗은 아마존의 촌락 말고는 없을 것이다.

길에도 인간처럼 정맥과 동맥이 있다.

동맥이 기차나 버스가 다니는 길이라면 정맥은 택시가 다니는 길이다. 그런 길을 택시 기사는 짧은 시일 내에 모두 알 수는 없다. 또, 한 길을 잘 안다고 해도 어느 시간대에는 어느 쪽으로 가는 것이 돌아가는 것 같지만 밀리면서 가는 것보다 빨라서 택시비가 오히려 더 적게 나온다는 것도 알 수가 있을 것이다.

이런 것들은 오랜 시간과 많은 경륜을 거쳐야지 알 수 있다. 택시를 운전하는 기사라면 버스와 달리 그 도시를 벗어나지 않으면 얼마든지 습득할 수가 있고, 한 직장이 아닌 여러 직장을 옮겨 다녀도 하는 일이 같아서 할 수가 있다.

2종 보통면허만 있으면 누구나 택시회사에 들어갈 수 있지만 오래 있지는 못한다.

그것은 과거와 달리 승용차(자가용)의 증가와 택시(개인 택시포함)의 폭주로 승객은 줄고 택시는 증가하다 보니 수입이 줄어 생계에 별 도움이 되지 못하기 때문이다.

택시 기사라는 직업은 과거와는 달리 국가에서도 그리 깊은 관심이 있지 않다는 것이다.

과거에 승용차가 없을 때는 교통수단이 인구보다 항상 부족해서 택시의 중요성을 인정받았지만, 지금은 어느 집이나 가난해서 아침을 걸러도 승용차 한 대씩은 소유하고 있다.

정부의 태도를 보면 택시의 수입과 택시 기사들의 최저 임금, 생계의 문제는 국가적 차원에서는 그렇게 중요한 문제로 보지 않는 것 같다. 앞으로 날이 갈수록 새로운 교통수단이 많이 등장할 것이 분명하다. 택시업종이나 종사자들의 미래는 더욱 어두울 수밖에 없다.

즉, 버스나 택시, 화물차나 차량으로 생계를 유지하려는 사람들은 지금보다 더 생활이 위협받을 것은 분명하다.

사람이 하는 작업은 엄청난 인건비가 요구될 것이고, 기계가 작업하는 환경이 더욱 발전되면서 인간이 차지할 수 있는 직업은 더욱 줄어들게 될 것이다.

기계의 작업 활동영역은 갈수록 넓어져 사무직에도 이미 들어와 있다. 미래에는 인간이 인간을 돕는 직업의 수는 극소수에 불과할 것이다.

택시가 인간의 활동을 돕는 이 시대는 택시가 줄어들 수밖에 없는 초기라 할 수가 있다. 택시를 직업으로 생계를 유지하려는 운전자들은 빨리 다른 직업을 찾는 것이 현명하다.

한국의 직업 중 다른 직업은 월급을 받지만, 택시만은 주급을 받는 일이 생겨날 수도 있다. 택시의 문제는 국가적인 차원에서 본다면 대중을 위한 서민의 문제로 보이겠지만, 중산층 이상에서 보면 문제 같지도 않게 느껴질 것이다. 앞장에서도 열거했듯이 한국서민들은 언제부턴가 "쥐뿔도 없으면서 중산층 흉내를 내고 다니기 때문" 이다.

지금의 한국은 거지(노숙자)도 승용차는 있다는 꼴이 된다. 거지가 집이 없어서 거지가 아니다. 수입이 없으면 그것이 거지이다. 국가가 중산층이지 자신이 중산층은 아니지 않은가?

승용차운행은 서민이 서민을 서로 상하게 하는 꼴이 되는 것이다.

현대인들의 미래가 보이는 현장

부익부 빈익빈만 외치지 말고 한국의 국민은 자기반성을 할 줄 모르는 자신을 한 번쯤 돌아볼 시기라고 생각한다. "꿈은 이루어진다"가 아니라 "꿈을 이루기 위해 사는 것"이다.

어느 실직자의 오후

꿈만 꾸는 자는 영원히 이루어질 수 없는 꿈으로 끝나고, 꿈을 이루기 위해서는 자신을 버릴 때까지 노력이 필요하다.
'걷지 않는 민족', '고향을 잃어버린 민족', 국가를 천하게 생각하는 민족이 되어버린 서민들은 단군 오천 년, 조선 오백

년, 한국 오십 년 동안 이어져 온 단일민족의 위대함은 세계화 시대가 도래됐다고 해서 사라지는 것은 아니다.

국가의 뿌리는 바로 서민들이기 때문이다.

대부분 기사에게 쉬는 날은 잠을 자거나, 누군가를 만나는 날이다. 대부분이 그렇지만 TV를 보면서 쉬는 비번도 매우 많다. 그러나 근무 중에는 대부분이 라디오를 듣는다. 라디오 청취율 중에서 60%가 운전기사라 해도 틀린 말은 아닐 것이다.

운전기사는 그 도시를 알리는 또 다른 홍보사원이다. 운전기사가 들은 말은 전국으로 퍼져 나간다.

운전기사는 확실히 모르면서 아는 척도 많이 한다. 운전기사는 누군가에게 조언 듣는 것을 제일 싫어한다.

'길.'은 그 나라의 경제이다.

그 길을 어떤 것으로 어떻게 활용하느냐에 따라 그 길의 가치는 크게 달라진다. 그러나 깊은 생각 없이 만든 길은 오히려 걸림돌이 될 것이다. 모든 것을 다 이룰 수는 없다.

택시가 국가적으로는 아주 작은 문제로 보이겠지만 택시에 생계가 달린 서민의 처지에서 보면 그것은 목숨을 건 일이다.

한 국가가 이루어지려면 정치가만 있어서도 안 되고 재력가만 있어서도 안 된다. 거지(노숙자)도 나라의 국민이며 노숙자도 그 나라의 국민이다.

그렇고 그런 사람이 모이고 모여서 국가는 생겨나는 것이다. 자기가 잘 될수록 남은 그만큼 희생이 더 커지는 것이며, 남의 희생 없이 결코 자기 혼자서 잘될 수 없다.

노숙자들의 점심배급

◆ 택시의 위법행위

- 승객을 코너(모퉁이)에서 하차시켜 직진 차량, 우회 차량을 동시에 정차시키는 행위. 길을 건너거나 볼일이 있어 코너에 하차시 비상등을 켜고 코너를 돌아 횡단보도 지나 10m 후에 정차를 할 것.

- 택시에 타고 있던 승객을 버스에 태우려고 출발하려는 버스 앞에 급정차하는 행위, 출발하는 버스 앞에 차를 세운다는 것은 매우 위험한 행동이다. 택시 기사는 그런 경우 버스의 다음 정거장에서 내려주는 것이 가장 올바른 운전이며, 버스 뒤에서 내려 주어도 버스 기사는 기다렸다가 태워 준다.

- 빈 차로 운행 시 우측 주행하고 승객을 태우면 좌측 차선으로 주행하라. 빈 차가 1차선으로 다니고 승객을 태우고는 가차선으로 다니는데, 1차선으로 다닌다고 손님이 많이 타는 것은 아니고, 가차선으로 다닌 다고 요금이 더 나오지도 않는다. 나중에 승객에게 잔소리만 더 듣는다.

- 승객이 세운다고 다른 차량이야 어찌 되었든 대각선으로 정차하는 행위. 급히 달리던 택시나 여러 대의 빈 택시들이 주행하던 중에 이런 경우가 발생하는데, 병원 가기 딱 좋은 예다.

이때는 다른 차선을 먼저 본 다음에 우측 깜빡이를 켜서 다음 손님이 안전하게 탈 수 있는 위치로 차량을 정차해야 안전한 승차가 된다.

- 승객이 내려달라고 하면 직진할 욕심에 1차선에 서도 하차 시키는 행위. 신호는 초록 불인데, 차가 달리던 중 갑자기 내려 달라고 할 때, 신호를 받을 욕심에 그 자리에서 정지하는 택시가 있는데, 승객과 기사 모두 초비상 사태이다.
모든 것은 기사의 정신이 먼저고 행동이 나중이다.
- 승객을 태우고 괜히 말을 건네는 행위, 서비스 정신으로 손님을 모시고자 함은 옳은 일이나 조용히 가고 싶은 승객도 있는 법이다. 손님이 묻는 말만 대답하고 운전에 더 신경 써라.
- 차내에 향수를 뿌리지 마라. 날듯 말듯 은은한 향수는 사람의 기분을 좋게 하지만, 일부 승객은 그런 향수조차 역겨워다는 것을 명심할 것이며, 오랜 향수는 오히려 머리를 어지럽게 한다.

◆ 택시의 정차금지 구역

- 횡단 물고 정차하기
- 모퉁이 정차하기
- 골목길 정차하기
- 이중 정차하기
- 대각선 정차하기
- 2중 차선 정차하기
- 버스 정류장 정차하기

돈과 시간이 문제이다. 그렇다고 법규를 정해놓고 승객을 핑계로, 생계를 핑계로, 도로를 점령하거나 사고를 유발하는 행동을 하면 안 된다. 택시 기사는 승객의 승, 하차 시 가장 우측의 실선 차선과 백미러가 일직선으로 보이는 상태에서 승,

하차하여야 안전 운행이 된다.

한국인은 아무리 여유로워도 택시만 타면 빨리 가자고 다그친다. 하지만 그것은 어디까지나 말뿐이다.

승객은 난폭운전을 하는 택시 기사를 좋아하지 않는다. 말은 빨리 가자고 해놓고 사고가 나면 기사의 책임만 탓할 뿐 승객은 다시 한번 사건을 기사의 난폭운전으로 몰아갈 뿐이다. 그때 기사는 자신의 직업선택을 후회하게 된다.

사실 승객이 바쁘면 바쁜 것이지 기사가 바쁜 것은 아니다.

그럴 때는 그 시간대에 가장 안 붐비는 곳으로 운행하여 최단시간에 손님의 목적지에 내려주는 센스를 발휘해야 하는데, 초보자는 길만 알뿐 경험부족으로 그 시간대에 어디가 한가한지 붐비는지를 파악하지 못한다.

그러나 택시를 이용하는 승객은 모든 택시 기사가 다 같은 기사인 줄 착각한다.

"먼젓번에는 일찍 도착했는데 오늘은(너는) 왜 이렇게 오래 걸리는 거야. "

"먼저 택시는 조금 나왔는데 오늘은(너는) 왜 이렇게 많이 나왔데"

택시 기사들의 스트레스는 빨리 삭이지 않으면 곧바로 사고와 연결된다. 승객이 타고 내릴 때까지 택시 기사는 탑승객의 하인이다.

승객의 어떤 말이나 행동도 들어줄 수 있는 한도 내에서는 들어주어야 한다. 그런 것들을 감수할 수 있어야 진정한 프로 택시 기사이다.

그러나 한국의 택시 기사들은 그런 직업정신이 있는 기사가 많지 않다. 택시 기사는 잠깐(정상적인 직업을 구할 때 까지만)

거치는 용돈 벌이 아르바이트로 생각한다. 그런 생각을 하는 기사에게 서비스를 강요하는 것은 택시를 이용하는 승객들의 크나큰 착각이다.

택시 기사들은 버스 기사와 달리 택시는 서비스업이 아닌 '윈윈' (서로 이익) 직업으로 안다.

그만큼 택시 기사는 미래가 없는 직업으로 바뀌고 있다.

손님이 출근시간대에만 반짝하고 온종일 돌아다녀도 겨우 입금이나 채우면 다행인 택시의 일상, 그 입금을 채워야 겨우 입에 풀칠이나 할 수 있는 기본급료, 서민의 하루하루는 희망을 버려야 할 상황으로 가고 있는지도 모른다.

물론 일부 서민들은 부단한 노력을 기울이며 미래를 향한 꿈을 꾸지만 꿈을 이루는 서민은 극소수에 지나지 않는다는 것이 현실이다.

상류층과 하류층은 항상 비례곡선 상으로 나타나는 것만 같다.

하류층의 살림살이가 어려울수록, 경제가 바닥으로 내려갈수록, 상류층의 사람들은 더욱 비대해지고, 하류층의 살림살이가 나아지고 경제가 살아날수록 상류층의 수입은 줄어드는 것만 같다.

일부 상류층은 경제와 상관없이 특수를 누리고 있지만, 그런 부류는 일반 국민과는 아주 다른 사회관을 지닌 특수한 사람들이라는 것을 하류층의 사람들도 이미 알고 있다.

여기서 택시 기사들이 알아야 할 점은 그들은 그들이고 나는 나라는 것이다.

그들을 동경하고 배척하는 것은 자유지만 그들과 자신을 견주어서는 절대로 안 된다.

◆ 한국의 하류층과 상류층과의 월 수입관계

☞하류층

하 : 50만원~150만원　　▶ 극 빈곤층

중 : 150만원~300만원　　▶ 빈곤층

상 : 300만원~500만원　　▶ 일반적인 서민

☞중류층

하 : 500만원~700만원

중 : 700만원~800만원

상 ; 800만원~1000만원

☞상류층

하 ; 1000만원~5000만원

중 : 5000만원~8000만원

상 ; 8000만원~1억 이상

여기서 가장 중요한 것은 지금의 "나"를 똑바로 봐야 한다는 것이다.

당신은 하류에 불과하면서도 자가용을 끌고 다니지는 않는가? 옛날이나 지금이나 변한 것은 없다. 다만 생각의 차이일 뿐이다. 옛날에도 자가용은 고관대작이나 고급관료가 아니면 못 타고 다녔다. 시대가 변했다 해도 그 이치는 크게 벗어나지 않는다.

정신을 못 차리는 것은 국가와 정치인이 아니고 서민이 아닐까 하는 생각도 든다. 일개미는 일개미일 뿐이다.

일개미가 날고 싶어 일벌로 변해서 날아다닌다 해도 일의 존재를 벗어날 수가 없다.

지금의 시점에서 내가 어떻게 해야 앞으로 나와 내 가족이 변해갈 수가 있을 것인가. 며칠을 걸려 생각하고 작심하고 실행해 옮겨 그 지긋지긋한 가난에서 어떻게 빠져나와야 할지 고심하고 또 고심해야 할 것이다.

자신의 대에서는 일개미의 생활을 벗어 날수는 없다. 그렇다면 후대에 가난에서 허덕이는 궁핍한 자신의 생활을 유산으로 남겨줄 수는 없지 않겠는가? 그런 바람에서 시작된 것이 지금처럼 발전된 현대사회가 된 것이다.

개천에서 용이 난다는 말은 '몇억 분의 일'이다.

개미가 날개를 달려고 해봐야 수명이 단축될 뿐이다. 고생 끝에 낙이 온다. 시작이 절반이다. 유명한 말을 인용할 필요는 없다. 동물과 곤충은 한 가지씩 특성을 지니고 있다.

인간이란 동물만이 '시기'라는 특성을 지니고 있다.

인간은 그 시기라는 특성 때문에 행복해 지기도, 불행해 지기도 한다. 택시는 이 시대는 물론 다음 세대에도 없어서는 안 될 꼭 필요한 운송수단이다.

그러나 개인의 승용차 때문에 함수관계가 이루어지지 않은 상태에서는 택시의 수입은 용돈 벌이를 벗어날 수가 없다.

세상에 존재하는 생명과 물건들은 항상 서로 대칭관계를 이루고 있다. 그 대칭관계를 벗어나면 자연은 파괴되고 다른 영역은 소멸하고 만다.

인간이 만든 사회는 지금 그 대칭관계가 깨지고 있는 시점이라고 감히 말하고 싶다.

가난하게 살면서도 서민들은 승용차를 굴리고 다닌다. 그들이 꼭 필요할 때 택시를 타야 서로 대칭관계가 성립되는데 없이 살면서도 승용차를 굴리고 학원을 보내고 먹는 것은 남들 먹는 대로 다 먹는다.

그러면서도 정부를 탓하고 '왜 서민만 힘들어야 하냐'며 자신들은 돌아보지 않고 세상을 비판하고 부모를 탓한다.
　오늘도 서민들은 안 그런척하면서 하루하루를 눈뜬장님처럼
앞을 못 보며 살아가고 있다.

　道를 깨우치려 애쓰지 마라.
　孫子를 안아보면 알게 되리라. （秋山）

# 17. 화물 운전 편

육지에서 기차 다음으로 많은 화물을 운반하는 것이 화물차이다. 화물차는, 승용화물차, 자가용 화물차, 영업용 화물차, 특수 화물차 등이 있다.

승용화물차는 외관은 자가용인데 뒷좌석에 화물을 싣고 다닐 수 있게 만든 것이고, 자가용 화물차는 개인용으로 대부분 번호판이 파란색으로 되어있다.

영업용화물차는 국가에서 법인으로 인가를 내준 차량으로 번호판은 주황색(노란색)이다.

특수 화물차는 도로의 폭과 길이의 한도를 넘어서는 물건을 옮기는 차량으로, 국가에서 관할서장에게 통행허가의 위임을 배임해준 차량이다. 그러나 인구가 늘어나면서 도로는 넓어졌는데도 넓어진 도로에 비해 운송시간은 길어지기만 한다.

바다나 육지에서 모든 물건을 사람의 입으로까지 가져다주는 것은 비행기나 배, 기차도 아닌 오직 화물차밖에는 없다.

그나마 엄청난 인건비와 엄청난 유류비를 제하고 나면, 차량의 값과 물건의 비율을 놓고 볼 때 지금의 물류비용은 영양가 없는 달걀을 생산하는 거와 같다는 생각이 든다.

일반회사도 그런 이유로 자회사차량을 쓰지 않고 지입 차를 고용하여 실리를 추구하고, 물류의 이동 중에 생긴 불상사는 고스란히 차 주인 기사가 책임을 추궁당한다.

앞으로 미래는 전철이나 전차가 화물차를 대신 할지도

모른다. 이미 전철은 집 앞까지 들어와 있는 상태이다, 객석 한 칸에 택배를 겸한 집배까지 겸한다면 사용자들은 더욱 좋아지겠지만, 그 반면에 생계를 유지하던 서민들의 직장은 하나, 둘 사라지게 된다.

앞에서도 언급했듯이 이제는 운전대를 이용해서 생계를 꿈꾸던 사람들은 2세 만큼은 잘 가르치는 것이 부모가 하는 일이 아니라, 잘 인도를 하는 일이 되어버릴지도 모른다.

아직은 이 땅에 운전기사라는 직업이 존재하기에 한국은 그나마도 움직이고 있는지도 모른다. 내 집에 찹쌀이 있고 인절미 만드는 방법을 알고 있는데 인절미가 썩어 버렸다고 인절미의 맛을 영원히 맛볼 수 없다고 할 수 있겠는가?

화물차 기사들은 미신을 신뢰한다. 특히 운전하기 전이나 운전을 하는 중에 어떤 물체를 보면 그날의 운수를 자기 나름대로 평가하여 그것을 운전에 반영한다.

아침에 영구차를 보면 그날은 안전운전이 된다고 믿는다. 그날의 모든 악재를 가는 님이 같이 가져간다고 생각한다. 아침에 분뇨차량을 보면 온종일 신경을 써가며 운전을 하던지 하루 일을 일찍 끝내버린다.

아침에 출근하기 전에 아내하고 말다툼하면 그날은 사고 나는 날이라고 믿는다.

그래서 운전기사를 남편으로 둔 여성들은 무슨 일이 있어도 출근하는 남편에게 절대로 잔소리나 짜증을 내지 않는다. 물론 다른 직업을 가진 이들도 그러겠지만 유독 차량을 운전하는 기사들은 아침기분에 따라서 하루의 일이 복이 될 수도 흉이 될 수도 있다고 믿기때문인데, 그 한사람으로 인하여 도미노 현상이 일어날 요소가 더 크기 때문이다.

◆ 화물차 기사의 운전법

☞ 화물차기사는 시내나, 시외나, 고속이나 맨 우측 차선으로 주행해야 한다. 시내에서 1차선 주행은 차선위반에 해당하며 스티커를 발부받게 된다.
☞ 엔진부록(비 부록, 배기부록)은 겨울철 눈이나 빙판길에서 사용하고 짐을 싣고 내리막길 외에는 될 수 있으면 자제해야 한다.
☞ 차폭등이나 전조 등 외에 사이드에 전구 등을 달아 옆에서 주행하거나 뒤에서 주행할 때 전방의 주행을 방해하는데, 필히 주행 중에는 끄고 작업 시에만 켜야 한다.
☞ 기어를 2, 3단을 넣을 때는 더블 기어로 넣어라.
☞ 정지 시에는 기어를 중립에다 놓고 맵시(사이드)를 당겨 놓는 습관을 길러야 한다.
☞ 전조등과 차폭 등 지시등은 수시로 점검하여 야간에 일어날 사고를 예방한다.
☞ "전방 법"을 반드시 활용할 것.
☞ 전방에 위험을 감지하면 비상깜빡이를 켜줄 것.
☞ 정차를 할 시엔 지시등을 켠 다음 꼭 비상 깜빡이를 켜놓을 것.
☞ 주차를 할 시엔 비상깜빡이를 켜고 주차 후 적재함 양 끝에 표시를 해 놓을 것.
☞ 코너를 회전 시 돌 때는 돌고 있는 쪽을 끝까지 보고 돌고 나서는 반대쪽을 보면서 완전히 돌 것.
☞ 야간 신호 정지 시에는 안개등은 켜놓고 전조등은 꺼줄 것.

☞　안개등은 될 수 있는 데로 황색등을 이용할 것.
☞　야간 후진 시에는 필히 전조등을 끄고 비상등을 켜고 후
　　진하는 습관을 지닐 것.
☞　주간이건 야간이건 커브가 보이는 곳에서는 100m 전에
　　서 속도를 50% 죽이고(줄이고) 코너링할 것.
☞　최소회전반경을 주의할 것.

　화물을 실었던 빈 차던지 화물차는 1차선에서 회전하여 1차선으로 들어가는 것은 매우 위험한 코너링이다. (도로 폭이 3m, 차체 길이는 8m 이상인 차량) 1차선에서 3차선으로 돌든지, 4차선에서 2차선으로 돌든지 해야 안전하다. *승용차나 화물차나 운전하기는 같다,

　틀린 것이 있다면 길이가 길다는 것뿐, 본인이 운전하는 차량의 최소 회전반경을 정확히 알고 회전을 하는 운전 기술이 필요하다.

　굴곡이 있거나 짐을 실었을 때는 반드시 100m 전부터 속도를 줄여서 코너링해야 안전한 주행이 된다.

　후진할 때는 양쪽 백미러를 번갈아 주시하고 좌, 우의 시설물이나 행인들의 행동까지도 관찰하면서 후진해야 한다.

　야간후진은 꼭 시동을 걸고 차에서 내려 차 주위를 한번 둘러본 다음 후진해야 한다.

　코너를 돌 때 승용차나 소형차가 끼어드는지를 확인하고 돌 것. 물건을 싣고 가다 물건이 옆으로 기울여진 상태로 운행하는 차량이 있는데 뒤에서 가는 차량은 불안해할 것이다.

　특히, 가벼운 물건이나 미끄러지는 물건들이 그 예인데 그런 물건을 싣고 가는 화물차들은 가차선보다는 2, 3차

선으로 가고 커브를 돌 때는 달리던 속도의 50%를 감속해서
돌아야 물건의 쏠림을 방지할 수가 있다.
　물건이 무거운 것을 운반을 할 때는 중간마다 묶여 있는
바를 재차 확인하여 느슨해진 바를 좀 더 조여주고 운행을
해야 한다.

# 18. 이륜차 (오토바이)

이륜차는 한국사회에 승용차 다음으로 가장 필요한 운송 수단이다.

택시도 2명 이하일 때는 이륜차를 고친 3륜 거로 운송하고 6명 이하일 때도 마차운송수단에서 말 대신 오토바이를 붙여 만든 6인승 이륜 거를 만들면 된다.

아마도 머지않아 그런 것들은 꼭 등장하게 될 것이다. 앞에서도 언급했듯이 과거 18세기나 19세기 조선 시대, 영국이나 유럽에서 사용하던 소나 말이 끄는 마차가 다시 등장 하리라 의심치 않는다.

소나 말 대신 엔진으로 기계가 끄는 마차가 생긴다는 것이 다를 것이다.

이륜차의 안전운전 요령

- 이륜차 운전자는 차선을 바꿀 시는 좌, 우를 먼저 살핀 후 차선을 바꿔야 한다.
- 이륜차 운전자는 사거리나 삼거리에서 신호대기 중 신호 가 바뀌면 신호의 마지막 차량의 질주를 확인하고 출발 해야 한다.
- 이륜차 운전자는 1차선 운행을 자제하고 난폭운전(차선 과 차선을 교차하면서 운행하는 것)을 삼가 해야 한다.
- 이륜차 운전자는 눈이나 비가 오는 날은 대도록 운행을

삼가고 운행 시는 가 차선으로 비상등을 켜고 운행한다.

- 이륜차 운전자는 골목길이나 굴곡이 진 곳에서는 반드시 서행한 후에 주행한다.
- 백미러의 사각지대가 승용차보다 2배 이상 넓다.
- 이륜차 운전자는 3명 이상의 탑승운전을 해서는 안 된다.
- 이륜차 운전자는 대형차 뒤에서 끼어드는 운전을 되도록 자제해야 한다.
- 이륜차 운전자는 횡단보도를 횡단 자와 함께 섞여서 건너가서는 절대 안 된다.(자전거나 이륜차는 횡단 보도로 주행하지 못하며 횡단 보도에서 횡단하는 행인을 상하게 하면 형사법으로 처벌된다.)
- 이륜차(오토바이)는 출발속도가 빠르고 좁은 공간을 자유자제로 달릴 수 있다는 장점을 가지고 있다.
- 이륜차는 2명까지도 타고 달릴 수가 있으며 어느 정도의 물건도 싣고 달릴 수가 있다.
- 이륜차는 승용차와 견주어도 될 만큼 빠른 속도를 가진 것도 있다.
- 이륜차는 급정차할 수가 없으며 후진을 할수가 없는 단점이 있다.
- 이륜차는 우천 시나 겨울철에는 주행이 매우 어렵다.
- 이륜차는 과속, 신호위반과 차선위반(끼어들기)만 지키면 사고의 99%를 막을 수가 있다.
- 이륜차는 속도를 몸으로 느끼기 때문에 보안경을 쓰지 않고는 과속을 낼 수가 없다.
- 이륜차는 차량과 스치기만 해도 넘어지므로 필히 햄맷을 착용해야 한다.
- 이륜차는 야간에 필히 전조등을 켜고 주행해야하며 후미

등을 수시로 점검해야 한다.
- 이륜차는 한국에서 승용차보다 더 많이 사용되어야 할 교통수단이다.
- 대부분 이륜차는 차선이 없는 난폭운전의 주범으로 도로를 주행하는 자동차사고의 간접역할을 주도하고 있다.
- 이륜차운전자 대부분이 이륜차의 통행차선을 모르고 교통법규를 잘 모른다.

버스전용차선의 오토바이운행

운전 초기의 목적은 인간의 느림을 빠름으로 변화시키는 것이었다.

그것은 또 다른 빠름의 시작이었고 자동차라는 물건은 석유를 동반자로 맞이하며 자연파괴의 선두역할을 했다.

인간을 걷지 않는 게으름뱅이로 바꿔 놓았고 비만이라는 단어를 전 세계에 전염병처럼 번지게 하였다.

지구의 발전은 2천 년마다 바뀌는데, 한국의 단기와 서양의 서기는 그런 의미에서 역사적 가치가 크다.

이제 지구는 또 한 번의 변화를 시도하고 있는지도 모른다.

인생의 재미를 아는 인간은 죽음을 두려워하고 인생의 재미를 모르는 인간은 죽음을 두려워하지 않는다.

특히, 권력과 재력이 여기에 해당하며, 없는 서민들은 죽음의 의미도 모르면서 죽기만을 바란다.

19. 교통사고와 도로운전의 해석

　법이란? 인간이 동물의 근성을 배제하는 조건으로 약자가 강자에게 억울한 피해를 막기 위해 만들어 놓은 약자의 마지막 비상구이다.

　법은 인간의 최소한의 동물적인 것만 배제해야지 동물의 본질까지 배제하면 오히려 반감만 일으켜 동물의 숨어 있는 근성까지 드러내게 만든다.

　도로교통의 법이란 경찰에서 관장하는 교통법규와 손해보험에서 관장하는 운전법규가 있다.

　운전자가 운전하다 사고가 나면 먼저 자신이 가해인지 피해자인지를 알고 싶어 하는 것이 모든 운전자의 첫 번째 관심이다.

　그렇지만 한국의 교통법규는 피해자라 하여도 차량의 손실과 인명의 손실을 합하여 오히려 피해자보다 가해자가 이익을 보는 경우가 있다.

　쌍방의 손실보다는 교통법규의 본질인 어느 차량이 위반했는지 보고 가해자가 모든 책임을 지는 것이 옳다고 본다. 그것이 운전자들에게 양보와 제대로 된 법규의 본질을 심어주는 것이라고 본다.

　운전의 법은 달린다는 것에 본질을 두고 있다.

　그러므로 달리는 것을 방해하는 것이 가해자가 되는 법이다. 운전 사고는 두 가지로 나뉘는데 하나는 교통법규를 위반하여 나는 사고요, 다른 하나는 양보를 하지 않아 나는 사고이다.

운전을 하다 보면 인간은 때때로 동물의 본성을 보일 때가 있다. 그럴 때에 법은 인간이 동물의 본성을 배제하도록 강제하는데, 그 배제를 무시할 때 사고는 일어나고, 법은 동물의 본성을 배제하지 않은 운전자에게 법의 한도 내에서 제재를 가하게 된다.

여기서 법은 운전자에게 동물의 본질까지 배제하면 안 되고 근성만 제재하는 조치로 끝을 내야 한다.

주행하는데 옆에서 끼어들어서 사고가 났다. 가해자는 누구며 피해자는 누구인가?

이 부분은 누가 피해자고 누가 가해자인지 누구든지 쉽게 알 것이다.

그런데 주행하는데 끼어든 차가 조금 빨리 끼어들어서 끼어든 차의 옆이 아닌 뒤를 추돌했다면 생각이 조금 달라질 것이다.

그러나 어려워할 필요가 없다.

운전의 법의 본질은 달리는 것에 중점을 두고 있기 때문이다. 이때 경찰서는 교통법규의 유무를 판단하고 손해 보험은 인적 피해와 물적 피해의 감가상각비를 계산하여 가해자가 되었어도 피해자로 둔갑하는 어처구니(어쩌지 못하는) 없는 일도 벌어진다.

주행하는데 주, 정차했던 차가 차선변경을 하다 주행차가 들이받았다면 운전의 본질은 달린다는 것에 있기 때문에 무조건 정차했던 차량의 잘못으로 법규는 판결한다.

주행하는데 앞차가 갑자기 멈추어 서거나 앞에서 회전하는데 들이받았다면 이때에는 무조건 뒤에서 받은 차량이 가해자가 된다.

운전의 본질은 달린다는 것에 있지만 앞서 달리는 차량을 우선으로 친다. 그러므로 앞서 달리는 차량이 법규를 위반하는 일이 있더라도 뒤차는 앞차를 추돌할 수 없다는 것이 이 시대의 도로교통법규이다.

달리는 것을 방해하는 것이 가해자이다. 그러나 앞서 달리는 차량이 아닌 옆에서 끼어드는 차량의 뒤를 받았는데 그 차량이 고가의 외제 차라면 주행차량이 피해자라고 경찰의 판단이 내려져도 안심할 수 없다.

손해보험의 운전법규는 운전자의 인적 피해와 차량의 물적 피해를 합하여 경찰서의 몇 대 몇이라는 숫자의 패턴을 놓고 가해 차량이 오히려 피해차량으로 변하는 수가 있다.

재력과 권력의 양상으로 바뀌면 동물의 본질로 변하는 수가 있다는 것이다.

운전의 본질은 달리는 것에 중점을 두고 그 중점에서 법규는 치러지지만, 법규를 정해놓고 법규를 위반한 차량에 조그마한 양보를 하면 이미 운전의 본질은 없어지고 본성을 드러내게 된다.

법은 약한 자의 마지막 비상구이다. 도로교통법규는 가해자가 모든 책임을 배상해야 한다.

7대3이니 6대4니 하면서 피해자가 되었어도 재력과 권력을 가진 차량에 약자의 차량이 오히려 배상해야 하는 처지로 둔갑한다면 법은 만인의 법이 아닌 가진 자들의 살맛 나는 세상이 되는 것이다.

없는 자들은 내면에 깊숙이 잠재된 반란의 본성을 드러낼 것이다.

가진 자들은 텔레비전을 잘 안 보지만 없는 자일수록 텔레비전을 낙으로 살아간다.

현재는 휴대전화기로 볼 수 있는 텔레비전까지 있어서 집이나 회사, 차 안이나 음식점에서 서민들도 항상 텔레비전을 시청할 수 있다. 하지만 운전을 하면서 텔레비전을 보면 절대로 안된다.

운전은 청각보다는 시각이 우선으로 DMB 시청과 도로의 상황을 동시에 보는 것은 교통사고의 위험을 높이고 차량흐름을 저해하는 요소의 하나이다.

가진 자일수록 집 밖에서의 시간 이 길고 없는 자일수록 집안에서 보내는 시간이 길다.

"약자들이여! 가난을 벗어나려면 집 밖에서의 시간을 잘 활용하라!"

앞이 잘 안 보이면
안경을 쓰면 되지만
미래가 안 보이면
지금의 내 행동을 보면 안다   (秋山)

 # 20. 계절과 나뭇잎과 나이

1월	흰색	0세~5세
2월	연녹색	5세~10세
3월,4월	초록색	10세~15세
5월,6월	파란색	15세~25세
7월,8월	빨간색	25세~35세
9월	분홍색	35세~45세
10월	노란색	45세~55세
11월	황금색	55세~65세
12월	흰색((無)	65세~80세 이상

　가장 존경받는 나이가 50대이고 가장 비참한 나이도 50대이다. 50대에서부터는 모든 것을 긍정적으로 생각하고 모든 것을 즐거움으로 받아 드리는 마음으로 변환할 시기이다.

　50대 이전에 사회의 모든 악과 선을 행했다(두루 접하다.) 해도 50대 이후부터는 사회로부터 받은 것을 사회로 되돌려 놓는 시기이다.

　세상을 비우면서 살아야 한다. 그것이 곧 비움으로 자연에 돌아가서 모든 것을 얻는 황금의 세대이다.

내가 성공해서 내 자손이 잘되었다면
내 재산으로 내 자손이 잘되는 것이 아니라
내 자손은 그 지식으로 나보다 더 성공할 것이다.
사회가 나를 버려도 그것은 사회 탓이 아닌
나의 무능 탓이고
내가 성공을 하면 그것은 나의 능력이 아닌
사회의 보살핌 때문이다.   (秋　山)

나뭇잎을 보면 파란색으로 떨어지는 것도 있고, 노란색으로 떨어지는 것도 있고, 흰색으로 떨어지는 것도 있다. 이왕에 떨어지는 것 흰색으로 돌아갔으면 하는 바람이다. 인생은 천 년을 살아줄 소나무이길 원하지만, 자연은 인간을 다년생 나뭇잎으로 만들어 놓았다.

인간의 가장 단순한 면은 과거가 어떻고 미래는 어떨까 하면서 현재를 사는 자신을 불안해하며 산다는 것이다.

그러나 자연을 알고 사는 사람은 하루하루를 즐거워하며 살다가 죽어갈 것이다.

운전하는 도로는 인생의 여정과 같다. 그 도로를 운전하면 교통사고도 목격하고 오르막과 내리막 좌회전과 우회전, 끼어드는 차량과 끼어들어야 할 나의 존재, 앞지르는 자와 그런 자를 또다시 앞지르는 자, 차량은 기계이지만 인간이 조작하는 것이므로 운전자의 마음과 습관에 의해서 행해지는 물건일 뿐이다.

이 지구 상에서 병든 지구를 회복시키는 길은 오일이라는 썩은 물을 재사용하지 않는 것과 화학실험을 하지 않는 것과 인간의 생명연장이다. 지구의 문명은 1세기를 주기로 발전을 하고 20세기마다 지구가 변동을 가져온다.

지금, 이 시대가 지구의 변동이 올 시기이다.

218

EPILOGUE

끝까지 읽어 주신 독자께 감사의 인사를 드립니다. 과거와 달리 현재의 생활은 '나'를 위주로 되어 갑니다.

이 글의 내용도 보시는 분들은 꼭 내가 필요한 것만 볼지도 모릅니다. 도로의 흐름은 물의 흐름과 같습니다.

그 흐름을 막는 것은 돌과 나무와 같은 것에도 물의 흐름은 빠를 수도 느릴 수도 있습니다. 다른 하나는 물의 흐름의 의해서 고랑의 폭과 깊이로 하여금 물은 빠를 수도 느릴 수도 있는 것입니다.

한국도로의 자동차의 흐름을 볼 때 물의 흐름을 막아 놓은 것이 너무나 많습니다.

일부는 수정해도 되는 것을 버려두는 것도 있고 일부는 흐름을 차단하려고 일부러 만들어 놓은 것도 있습니다.

그러나 어떠하든 물의 흐름을 방해해서는 안 됩니다. 그것은 자연의 흐름을 막는 거와 다를 바가 없기 때문입니다. 교통사고는 톱니가 물리듯이 '나와 네가' 있어야 일어납니다.

당장은 나에게 필요하지 않아도 너 때문에 내가 안전해질 수가 있는 것입니다.

한국의 국민은 책을 보기를 싫어합니다. 그것은 어려서부터 책을 읽는 습관이 안 되어있기 때문입니다.

책을 읽는 습관이 안 되어 있다는 것은 아이들이 어릴 때부터 부모들이 책을 읽어주고, 읽으면서 크는 습관이 대물림되어야 하는데, 한국의 과거를 보면 그런 상황을 연출할 시기가 없었다는 것도 역사를 통하여 알 수가 있을 것입니다.

경제가 좋아지려면 좋아지도록 무언가를 계속해서 해야

하는데 단기간에 실행되는 것은 없습니다.

한국의 정세는 한옥의 기둥이 썩어 가는데 기둥을 교체하지는 않고, 보수하는데 그치고 방안에 빗물이 떨어진다고 기왓장을 바꾸는 것이 아니라 천장의 벽지만 갈아 버리고 있습니다. 앞글에서도 예시하였듯이

"미래를 알려거든 지금의 내 모습을 보라."

인간이 만든 기술들은 신에 버금가는 위대한 것들이 많습니다. 그러나 인간은 아무리 위대한 기술을 펼친다 하여도 신이 되지 못합니다.

인간이 자연을 다스린다고는 하지만 그것은 소낙비에 떨어지는 물 한 방울에 지나지 않습니다.

지구인들이 가장 시급히 다루어야 할 것은 산이 없어지고 숲이 없어지고 나무가 없어지는 것을 조금이라도 줄이는 것입니다. 물이 부족하다고 불안해하면서도 나무를 심기는커녕 산을 계속해서 없애고 있지 않습니까?

그런 현상은 환경운동가가 승용차를 운전하면서 자연을 보호하자고 외치는 것과 다를 바가 없습니다.

현재를 고쳐서 미래를 과거로 만든다 하여도 과거와 같은 현재는 영원히 오지를 않습니다. 어른이 어린이로 돌아갈 수 없듯이, 인간의 목숨이 소중하다고는 하나 병이 걸려서 죽던, 사고가 나서 죽던, 그 모든 것은 갈 때가 되면 가야 그것이 자연인 것입니다.

인간이 생명을 연장할 때, 그것은 또 다른 자연의 파괴가 되는 것입니다. (내가 살다 죽으면 나를 아는 사람은 슬퍼하겠지만 나를 모르는 사람이 더 많은 것처럼)

아무리 위대한 인간일 지라도 다른 사람의 처지에서 보면 무관심의 대상인 것입니다.

"죽음은 또 다른 자연이다."

인간이 피라미드의 맨 위를 차지해야 하는데, 밑을 차지하는 시기가 길수록 지구의 종말은 더욱 빠르게 다가올 것입니다.

여기에 실린 글들은 지금은 실행된 것들이 있는지도 모릅니다. 모든 것이 실린 글대로 실현됐으면 하는 마음입니다. 인간이 어떤 것을 실현하기 위해서는 짧게는 한 달 길게는 한평생이 걸린다고 합니다.

그렇게 걸린 시간이 자신한테 또는 다른 인간들에게 도움이 된다면 그 걸린 시간은 무척이나 의미 있는 시간이었을 거라는 생각이 듭니다.

필자 역시 세계에서 처음으로 집필한 실전운전 책으로서 많은 사람이 생활하는데 활력소가 되고 교통사고를 조금이나마 줄이는 역할을 했다면 이 글을 쓰면서 허비한 시간이 결코 헛된 시간이 아니었음을 흡족해할 것입니다.

중요하다 생각되는 것은 반복해서 집필했습니다.

전문가들이 이론적으로 자동차 안전운전에 대해서 수많은 말들을 하지만 운전에 관한 책을 펴내는 것을 본인은 보지 못했습니다. 전문가들이 방송에서는 안전운전에 대한 소식을 전하지만 글로서 책을 쓸 만큼 확실한 것은 경험 없이는 책을 낼 수가 없습니다.

운전에 관한 책은 연구를 통한 실험의 일부분이기 때문에 이론적인 것 말고도 또 다른 심리적인 것과 인간의 기계적인 기술이 접목되어야 진정한 운전이 형성된다는 것입니다.

이 책에 올리지 못한 글들이 아직도 산더미처럼 쌓여

있습니다. 끝으로 이 책의 글을 읽고, 교통사고가 없고 국가와 관공서와 국민이 하나 되어 운전의 가치관이 일본 강점기가 아닌 유럽의 시대로 바뀌는 한국인으로 거듭나길 바라며, 필자의 조그만 안전운전의 반딧불이가 전국적으로 날아갔으면 하는 바람입니다.

글은 글일 뿐입니다. 글은 그 사람의 마음을 움직이게 합니다. 이 글을 읽고도 운전에 대한 생각이 변하지 않았다면 이 글은 아무 소용이 없는 글로 남을 것이며, 마음이 변했다 하더라도 실천을 하지 않으면 이 글의 깊이는 매우 약한 메시지로 평가될 것입니다.

사람은 주위에서 내 존재를 알아줄 때 살아있다는 가치를 느끼게 됩니다. 지구에서 존재는 하되 의무가 없는 존재는 있을 수 없습니다. 나의 의무는 생을 마감할 때까지 내 존재의 의무를 다하는 것입니다.
그것이 평생 걸리는 어떤 어려운 일이더라도!

주위를 보았을 때
자기보다 나은 사람만 보인다면
당신은 불행한 사람이다.

지금의 당신이
행복한 사람인 줄 모른다면
당신은 더 불행한 사람이다.　　（秋　山）

222

사랑하는 이유만으로

사랑하는 이유만으로
행복해 지려는 이유만으로

기다림에
나는 또 하루를 보낸다.
기다린다는 것은
기다림만으로 더 괴로운 것

기다림이란
사랑을 이루기 위한
안타까운 시간과의 몸부림

기다린다는 것은
깊은 어둠을 견뎌낸
이슬이 만들어지는 새벽

사랑하는 사람아 기다려야지
미워하는 사람아 기다려야지

아침의 태양을
두 손 모아 기도하며

창 밖에 흘리는 어두운 눈물을
웃으면서 받아주자.

기다린 다는 것을
사랑하는 이유만으로   [秋山]